U0029877

教學的技術

技術

王永福 著

頂尖講師及職業教練

目錄 CONTENTS

職業選手講師，
企求「完全比賽」課程

何飛鵬

　　或許是長期受到「尊師重道」觀念的影響，不論在教學課堂上、企業界或任何教學場域中，凡是站在講台上的老師往往令人不容置疑。然而，老師所講的一定就是對的嗎？台下的學生或學員光聽就能聽懂？不問就代表完全了解，也知道如何運用了嗎？事實告訴我們，當然不是這樣的。

　　相較於過去，當前的教育與教學環境已有很大的改變，人們標榜「多元教學」，不僅常將它掛在嘴上，並且喊得震天價響。問題是，怎麼做才能夠幫助學習者有效達成學習目標？也許從結果來看，理念與實務之間還有一段距離。

　　《禮記・學記》中說：「是故學然後知不足，教然後知困。知不足，然後能自反也；知困，然後能自強也。故曰：『教學相長』也。」

　　網路世代，誰掌握了最新的知識與資訊、誰掌握了最佳的授課技巧、誰吸引了最多的學生，誰就是「教學的王者」。福哥之所以成為許多知名企業或上市上櫃公司內訓課程的指定講師，推出的課程總是秒殺，並且經常創下滿意度滿分的「完全課程」紀錄，正是因為他在講課時遠遠不只是「說說」就算了的，而是讓學員在課堂中就學得會，馬上能運用，並且還樂在其中。

　　上過他的課程的人都知道，要上他一次課，可不像買一本書這麼簡單，而且即使付得出學費，也不一定搶得到名額，但是這一次，他將自己多年來在教學上所累積的各種技巧心得，完全不藏私地公開寫在《教學的技術》這本書中，而且只要區區之數，就能取得他的錦囊妙計，可謂是 CP 值最高的一筆交易！

　　我見證過福哥教學的功力，還有他身為職業選手，追求「完全比賽」的精神。我相信，企業內部教育訓練的講師或業餘講師，一定會以他為學習的標竿。我更相信，這本書可以成為從小學、中學到大學，以及其他教育機構中老師們「最好的老師」，因為書中所傳授多樣化的教學技巧，有辦法讓教室中的學生，變得忙著聽講而沒時間滑手機。絕對值得老師們參考！

　　想成為教學的王者並不是難事，教學相長而已！

　　　　　　　　　　　（本文作者為城邦媒體集團首席執行長）

追求極致的職人態度

林明樟（MJ）

　　認識福哥這些年，因為有很多共同興趣，包含騎車、游泳、潛水、鐵人三項與露營等等，而且兩個人對各自的領域或感興趣的事，都有莫名奇妙的龜毛自我要求，後來變成無所不談的好朋友。

　　一次前往墾丁潛水路上，聊著聊著我們聊到各自專業領域的講師發展路徑，他說，很羨慕我能把這麼枯燥的財報課程做成兩岸三地的一個事業；我回應，彼此領域不同，發展自然不同。

　　我個人真正的轉變契機是當年友人 Jerry 主辦的「向 A+ 大師學管理」大型活動，在那場數百人的大型演講中，福哥是表現最好的一位，我則自認是所有來賓中，表現最差的那位，因為有 5% 的朋友在我演講期間睡著了。活動結束後的我其實很挫折……

　　身為職業選手，我們不會抱怨是學員程度或學習態度的問題，我們只會在自己身上找原因與任何可以改進的地方，接著我花了三個月把自己的教學方法打掉重練。福哥也是這種自我要求極高的職業選手。

　　別人都以滿意度高低來評鑑自己，他卻以 100 分的 NPS（淨推薦值）做為自己的基本要求，要知道蘋果公司這麼厲害，Apple 的 NPS 也才 70 分上下，連虔誠的宗教團體也只有 85 分上下！在這本新書中，您將看到作者對自己極致表現的要求，透過一個個技術的慢慢積累，堆積出福哥在簡報與教學技巧領域凡人無法及

的高度（他的學生有很多都是 TED 的講者與國際大型公司的高階主管）。

記得當時聊著聊著，他問我：「如果你是我，會怎麼辦？」我回：「你的簡報與教學技巧已經超級強了，課程本身不用改，但培育學員學會的過程中，需要投入很多很多的技巧指導，所以有大量時間被困在『流程』裡。如果我是你，我會先改流程。」

福哥問：「怎麼改？」

我說：「我可能會把所有教學的技術與 know-how 通通寫出來！」（我心裡 OS：福哥一定覺得我瘋了！認為這傢伙隨便亂出點子。）

沒想到他當場說：「這真是好點子，就這樣做吧！也許可以解決目前課程的困境（學員學成率很高、滿意度與 NPS 滿分、教學技巧領域已經登峰造極，但每次課程流程所需時間超過兩個月，一年只能服務幾堂課就把自己搞得人仰馬翻體力不濟……），也可以藉這個機會沉澱過去所有的教學技術。」

這就是我認識的福哥——永遠不留一手地全力以赴與追求自我成長的高手。

您以為故事就這樣結束了？不不不！

幾個月後，他來電問我：「兄弟，我的新書快寫好了，但我覺得應該可以寫得更好，可能連續寫了一段時間，我發現自己有些盲點（職業選手的自我要求），但不知道是哪個盲點（職業選手的手感）？」

我問：「能幫上什麼忙？」

他說：「我想去觀察你兩天版完整數字力的教學方法與技術，順便驗證我書中想分享的一些核心教學技術。」

　　自己人我當然一口答應。課後，福哥又給我滿滿一頁的個人專業建議。

　　這就是本書作者福哥，王永福先生追求極致的職人態度。

　　家人曾說我很龜毛（太多自我要求的原則），我微笑地回應：「妳只答對了一半。」

　　沒錢的時候，叫龜毛；有錢的時候，叫品味！

　　現在，我把這本有品味的書《教學的技術》龜毛地推薦給您！期待您透過本書打造更好更棒的自己！

　　　　　　　　　　　　　　　　（本文作者為兩岸知名財報講師）

〈專文推薦〉

向頂尖的職業講師學習

周碩倫（Adam）

　　真心話！不管福哥出了什麼書，我都推薦到底！不是因為我們是好朋友，而是因為他鑽研學問、深入淺出的功力，我領教過太多次了。如果哪一天福哥出版「煮咖啡的技術」「煎牛排的技術」「烤麵包的技術」「潛水的技術」「跑步的技術」「鐵人三項的技術」「子女養育的技術」……，閉著眼睛買福哥的書，保證開卷有益！

　　這是我親身體驗：2008 年我進入職業講師這個行業，要幫一家管理顧問公司架設網站。由於久未架站，以前會的不管用了。只好在網路爬文，再到書店翻遍各種架站書籍，只有一本書我覺得寫得夠好、夠簡單，這本書就是《Joomla 架站 123：圖解入門很簡單》，作者是「Joomla 123 架站教學網站長 王永福」。我照著書中的指示，很快地幫顧問公司架了網站，大家覺得我很厲害，其實是這本書寫的真的淺顯易懂，而且各種可能的問題都回答得恰到好處，幫了我大忙！

　　2010 年，我幫一家培訓機構授課，一系列課程有七位講師，當時助教閒閒沒事，就幫每位老師畫像並且為課程評分。課後助教跟我說，在七位講師當中，就屬我的「創意思考力」和另外一位老師的「簡報溝通力」，他給了滿分，而且他想介紹我們兩位講師認識。那年 2 月 4 號，我們相約台中中科梨子咖啡館碰面，這位壯碩的老師送了一本他最新版的著作《Joomla 1.5 架站 123：

圖解入門很簡單》給我,他就是王永福!

當時我驚訝地說:「兩年前我就買過你的書,你的書寫得真棒。沒想到兩年後相遇,不是因為架站,而是因為你的『簡報溝通力』教得很棒,這真是奇妙的緣分呀。」做為在學員和助教眼中評價最高的兩位講師,我們惺惺相惜,也成為人生及工作上的好友。

看著福哥從領講師最低基本工資開始,一路蛻變成為外商、大企業指定的天王級講師,他的努力和認真,是我自嘆弗如的。每一堂課他都尋求真實的回饋並記錄下來,然後積極尋求方法調整改進;下一堂課立即付諸實踐、再調整。因此每一堂課,都是前一堂課的升級版,無論什麼時候聽,都能學到新東西。他總是給自己設立最高的標準,挑戰不可能,而且每次都做到。跟他學習如何成為出色的講師,準沒錯!

《上台的技術》幫了我周遭很多朋友克服上台的恐懼,利用簡報說服或是幫助他人!這一本《教學的技術》,相信可以幫助更多達人,有效傳承自己的思想和方法,進而改變他人。不管你是學校老師,還是職業講師,想要每一次都能達成教學的目的,一定要好好鑽研「教學的技術」!

(本文作者為兩岸知名企業指定創新教練)

〈專文推薦〉

讓人驚豔的教學王者之風

葉丙成

晚上六點半，這是一間台大的教室，裡面有著台大簡報課七十多位學生，正聚精會神看著台上的福哥。台上的福哥剛結束最後一分鐘的 PPT 調整，拿起麥克風，正準備要開始今晚的課程。台下的我，很緊張地看著這一切。

等等，有什麼好緊張的？

其實從幾個月前福哥答應我，願意來跟台大簡報課學生上一次課的那天開始，我便一則以喜、一則以憂。喜的是福哥願意來幫我一起栽培這群年輕人，讓他們有機會被大師灌頂，是他們千載難逢的機會。但擔憂的是，這群天不怕、地不怕的台大年輕人，會不會有人搞不清楚狀況對福哥失禮？

很多人以為台大學生讀書很認真，所以很好教。這是完全的錯誤。要知道台大學生的獨立思考還有批判性都很強，讀書認真是一回事，對於在台上教課的老師他們服不服氣、願不願好好跟他學，那又是另外一回事。即使講者聲名赫赫、戰功彪炳，若不能在台上讓學生感到服氣，管你是什麼皇帝老子，台大學生都不會把你當一回事。如果學生是這樣對待福哥，那我怎麼對得起福哥？

懷抱著強烈的不安，我在台下目不轉睛地看著台上的福哥。福哥一開始先說他教過哪些大企業的高階主管、被哪些媒體採訪、在哪些出版社出書。天！台大學生對於用回顧豐功偉業做起手式

的講者，常會起反感的啊！這怎麼辦？沒想到，福哥一談到跟何飛鵬社長第一次見面的情況，便馬上丟出了一個問題挑戰在座的台大學生，看是否有人能想出福哥當時跟何社長面談前所預先擬訂的簡報策略。

Bingo!! 這招中了！台下的學生一個比一個積極地搶著講出他們的猜測，整個教室熱烈到不行。等學生們發表完，福哥公布答案、說出了他當時的簡報策略，在場的學生聽到福哥的絕妙策略，大家對福哥都服了！

都服了？不到十分鐘，就讓學生們都心服口服。這……這也太猛了吧？我之前到底在擔心什麼啊！

後來當晚課程活動之精彩、學生之投入、大家收穫之豐碩，我就不在此贅述。但我對福哥當天所展現的種種教學的技術，真的感到無比驚豔。福哥讓每個人都非常地投入當晚的課程。如果你是位老師，如果當天你也在我們教室看到課堂內的景象，我相信你絕對會希望學生如此投入的景象，也能出現在你的課堂之中。

而今，你的期待真的有機會成真。因為福哥把他多年來闖蕩江湖所開發出來的種種教學技術，全都無私地拿出來寫成這本《教學的技術》。他希望透過這本書，能夠幫助更多老師把學生的學習熱忱帶起來。這樣的書，怎麼能錯過？

想像一下當福哥在每位員工、主管都忙得要死的大企業教課，台下的學員許多都是心不甘情不願地被公司逼來上課；許多人都只想趕快把時間混過去，好趕緊回辦公室處理業務。福哥是如何做到不管去哪家企業教課，都能讓學員們很快地心服口服、認真學習？如果是你，你又會怎麼做到這幾乎不可能的任務？

這一切的奧秘，都在《教學的技術》這本書中。有了這本書，

你也可以跟福哥一樣把學生的熱忱都帶起來。

　　但這本書的出版，讓我對福哥真正佩服的，並不是書中這種種厲害的技術。而是身為一個老師，特別是一個在企業訓練這種高度競爭的教育市場，福哥居然會這麼灑脫地把教學技術全分享出來。我看到的是，福哥認為「這些技術雖然很厲害，但我不怕分享給大家！」的王者之風。福哥的無畏，來自於他在教學技術上一直不斷地創新，所以才不怕被別人學、也不怕壓箱寶都被人看光。福哥這種在教學上不斷鞭策自己進步、不停突破自己極限的精神，我想才更是我們每個做為老師的人，在這本書所要參透的創新成長思維。

　　「教學的技術」，推薦給已經是老師、或想當老師的你。期待你能因為這本書的啟發，而在日後也發展出屬於你自己的一套教學的技術！

（本文作者為台大電機系教授）

教學技術的最強實踐者

謝文憲

我跟福哥的關係已經不用我來阿諛奉承、自吹自擂，事實上在教學技巧與簡報教學這兩個領域，他已是我心中的第一號男神。

說到這裡，或許您還是有些質疑，我無需辯解，只想給您我親眼所見、親耳所聞。

憲福育創「教學的技術」公開班首發場，民權東路三段的教室內，上午有事的我，到了傍晚才匆匆趕到，很想一睹福哥風采，另外一個原因是：憲福首次開的公開課程，我們兩人盡量都要到，更遑論是福哥的課程。

出了 14 樓電梯，跟外頭值班的同事打聲招呼，先去了趟洗手間，遠遠就感覺地表震動，震耳欲聾的聲音不斷傳來，見鬼了，怎麼會這麼大聲？

離開洗手間、走進教室的短短十五公尺，我聽到教室裡頭福哥的聲音響徹雲霄，直覺是：「他瘋了嗎？用這麼大聲講課，不擔心明天以後的課程嗎？」

伴隨著教室裡頭學員的搶答與互動聲音，一句句：「我我我！」搭配著福哥的聲音與同學的笑聲，交織成最悅耳的天籟，那是身為台上講者千載難逢的天籟。

您一定會問：「講師聲音大、熟悉互動技巧、學員都是自費的，所以他們才會這麼嗨！」

您這樣說也對，但只對了一半，我的觀察，還有三個重要因素：

1. 知道技巧，也不見得用得出來：福哥厲害的地方就是，他全部寫給你，你也只能知其然，不一定知其所以然，沒有刻意練習，都只是停留在知道階段而已。他之所以能夠寫出來，已經是淬鍊過無數次且十分有用的展示。

2. 學員是自費的公開班學員：正因如此，這些學員願意花一天兩萬元來學習，肯定不是吃素的，他們對講者的要求、用腳投票的機率，都是你難以想像的。故此，能夠撐完全場，而且在相當 NBA 第四節的 16：30 時段，還能維持高昂的教學溫度，肯定是頂級職業選手才能做到。

3. 職業講師是高耗能產業：我們自己都很清楚，自己沒有投入，不可能掌握並撼動全場，福哥的教學精神與態度，身為職業選手的我，更是英雄惜英雄。

或許你會問，就算福哥寫出來，如今成為本書，你就算看了，也不見得學會？

其實也只對了一半。

如果真的對教學技巧有需求，或是未來有上台授課的需要，這本書就是「入門、進階雙效合一」的書了，但這道理就像：想學潛水不能只看書，想學高爾夫球不能只去買木桿一樣，都必須親自下海、下場、上台去實際體驗才行，輔以大量的刻意練習，才有可能體驗其中精髓與道理。

最後，身為他的最佳搭檔，我想說兩件事：

1. 他無需寫這本書，來創造更多競爭者，或者賺取微薄的稿費，抑或是賺取名位與聲量。我常對他說：「台灣缺乏競爭力，不能全怪年輕人，或者推給年輕人缺乏求知動機，我們可以想想，是不是能在高中或大學階段，讓我們在台上的授課老師，多一點

點教學的技術，不僅可以更加有效傳授學術知識，更可以讓年輕人喜愛這些學科，年輕人更強大，國家才會跟著強大。」這是一本救國的書。

2. 福哥在企業內訓已經很吃得開了，他每天上課還是大包小包，從台中風塵僕僕趕前幾班高鐵到台北上課，提前到教室、對自己的授課負起全責，他傳授的不僅是教學或簡報技術，而是一種工作態度。

一種職人精神與進擊技術的最佳態度，他是教學技術的最佳實踐者。

（本文作者為知名講師、作家、主持人）

〈前言〉

教學，一門可以教、也可以學的技術

　　每一天，在國內外的上市櫃公司，都有一些不同的教育訓練課程正在進行。這些課程有專業類的技術訓練，如儀器設備訓練、生產流程的操作，也有管理類的增能訓練，如簡報技巧、溝通技巧、創意創新、財務解析等。有的課程會由內部甄選優秀的主管，在企業內擔任內部講師；而有些重要的課程為了確保訓練成效，就會由外部聘請專業的講師，來企業內部進行教學。這些專業講師，過去被稱為企管顧問、外部講師、企業講師，因為主要的核心工作，就是在企業內部教課，所以也有人稱呼他們為「職業講師」。而我，就是其中的一位，也是許多企業講師們——背後的老師。

　　我是福哥——王永福，平常的工作，就是應各大上市公司的邀請，幫他們做專業領域的教育訓練。客戶包含台積電、鴻海、聯發科、前五大金控、台大醫院及世界前四大藥廠，外商公司則包含 Google、Nike、Gucci、IKEA 等。過去合作的客戶，大概占台灣百大上市公司市值 70％以上。我擔任過 TEDx 講者的簡報教練，也是上百位職業講師的教學教練。因為這樣的經歷，接受過《商業周刊》、《經理人》、《EMBA 雜誌》等專訪與報導。更曾經因為對教學工作的執著及要求，被城邦媒體集團何飛鵬社長寫成專欄故事，標題為「我是職業選手，追求完全比賽」。從此之後，就被很多朋友稱為「講師界的職業選手」。

「啊……職業講師，教學就比較厲害嗎？」

也許我們可以換一個角度來說，不是職業講師比較厲害，而是不厲害的職業講師大部分都被市場淘汰了！

如同前面說過，知名的上市企業在面對重要的課程時，才會從外部找老師來上課。過程中，企業不只要付出高額的訓練費用，受訓學員也必須放下工作來上課，所以整個教育訓練所耗費的時間與薪資成本，以及無形中的機會成本，遠比帳面上的費用高出許多。因此企業在找老師時，不僅會精挑細選，仔細評估。每一次訓練結束，也會馬上驗收成效，請學員對講師進行滿意度評估。在滿分 5 分的量表中，及格的標準通常是 4.5 以上，要達到 4.5 分以上，未來才有可能繼續合作，這絕對是一個有點挑戰的標準。

至於不到 4.5 分的講師，不只未來沒有合作的機會，而且由於企業人資或訓練人員（簡稱為 HR）圈子很小，彼此間經常互通有無、交換訊息，更白話地說：老師教得好，不一定會得到推薦，但老師教得不好，一定會被宣傳！這也是為什麼「沒有教得不好的職業講師！」因為教不好的老師很快就陣亡了！職業講師的每一堂課，都像是一場淘汰賽。好的職業講師就像特種部隊一樣，通過一次又一次的教學挑戰，長期在企業內訓市場存活下來，並且擁有一定的知名度。這些講師們絕對有兩把刷子，專業知識只是基礎，重要的是每個人都掌握獨特的教學 Know-How，才能達到這樣的水準。

然而，這些教學的核心 Know-How，就是每個人的競爭利器，在過去是絕不公開的秘密，外人很少能得知。因為職業講師大部分都在企業內部進行教學，而企業內訓涉及很多商業機密，不會對外公開，所以外人很少看到企業講師是如何上課的，也沒有講

師會想告訴你。畢竟多一個人知道，就多一個競爭對手。如果你想知道？就只能靠自己摸索。相信我，很多職業選手的秘密，單純靠摸索，真的要花很久的時間。

幾年前，我曾經跟合夥人憲哥——講師謝文憲——合開過「憲福講私塾」的課程，我們把企業訓練及教學技巧的核心 Know-How，指導給一些有意成為職業講師的夥伴。許多人第一次接觸到「職業級的教學技術」，都深感震驚：原來課程可以這樣教！原來只要用了這些方法，就可以大幅度改變學習氣氛與學習動機！原來要讓學生學會課程內容是有套路的！在這些驚訝之外，更重要的是我們看到老師們的吸收、改進、應用，有更多的課程越來越活化了，這些老師們也開始在各種不同的領域發光發熱，開創出一番新天地！很多人甚至在幾年之內，成為某個領域的知名講師，也開始在頂尖上市公司教課了。

但是目前為止，這些核心 Know-How、這些教學的秘密，我們還是保留著，沒有讓太多的人知道，只有來到我們職業講師培訓教室的少數人，才有機會學習到。

直到有一天，我的好兄弟——頂尖數字力名師林明樟（MJ）——跟我說了一句話：「你最強的地方是你的優勢，但也可能是困住你的劣勢。」這句話讓我想了很久。沒錯，也許教學技術是我的強項，但也可能是綁住我的地方。任誰都不大可能在講台上教一輩子，如果我一直守著，反而限制了其他的可能性。

若把眼光再放寬廣一點，教育訓練不只是企業的需求，更是整個社會一直需要的能力。從國民義務教育、到大學、研究所、到企業內部、甚至工作之外的成人教育，這些都會需要運用到教學的技術。也許當我們把這些教學的 Know-How 公開，不僅可以

幫助到教與學的人，更可以大幅改善學習的效果。如果我們可以讓一秒鐘幾十萬上下的上市企業高階主管、經營者，在教室裡連滑手機時間都沒有，全心投入地集中精神在教室裡學習，相信也一定可以透過這些技術，幫助更多的老師、同學們，改變整個教育學習的環境與氛圍。

所以，該是時候，做點不一樣的事了。

這本《教學的技術》，就是我想送老師們的一份禮物！

如果你仔細看過接下來這一系列的文章，就會知道，什麼叫做「職業級的教學技術」，我是用職業選手的態度，仔仔細細地看待教學的每一個環節。從學員心態的認知、教學環境及人數的差異、教學目標的訂定、教學互動的設計，到課程開場的操作、分組及團隊動力的經營、各種不同教學法的運用，以及回饋或教練的技巧，甚至是教室的桌型、音樂、溫度，還包括我領帶的顏色（這是真的！我實驗過），每一個細節與影響變數，都把它抓出來仔細地比較分析，希望能夠掌握得更好，並進行最佳化操作。

這樣做的目的很簡單：我想把一門課教好，而且好還要更好，雖然完美不可得，但至少每一次都朝向完美再前進一點點！對於各種教學環節及細節的追求，是職業選手迎向每一場教學挑戰時的態度，正因為這種態度，長期以來在企業教學一直獲得超高的滿意度。

這些文章有許多都已公開在我的部落格及 FB 中，很多老師僅僅只是看了文章，並應用其中的一些技巧，沒想到就大幅改善了自己課堂上的氛圍，他們驚訝於學生的反應，「這真的有用！」「想不到一個小細節的改變威力這麼大！」

這本書涵蓋了我所有放在網路上以「教學的技術」為主題

的文章，還有更多過去沒有公開、現在講得更精確的細節。我花了很多時間打磨這本書，毫無保留地分享了我教學技術的核心Know-How。這些都是我過去在各大上市企業，經過十年以上長期實戰考驗磨練出來的，也許不是特別花俏，也許你甚至會與我有不一樣的想法，但我只想誠摯地告訴大家：這些技術——保證有用。

這些教學的技術，過去也透過網路文章，以及公開課程「講私塾」與「教學的技術」，指導給很多老師們。我們在本書中也特別邀請了超過三十位不同領域的老師們，包含大學教授、高中老師、國中小教師、醫師、企業主管、創業家、職業講師，以及我的講師好朋友們，分享他們各自在教學上如何應用這些技術，達成更好的教學效果。透過第一線老師們實際應用的心得見證，你可以看到這些技術是如何適當地轉化，進入不同的教學現場，面對不同的學生們，但都一樣有效！

我把書名定為「教學的技術」，因為技術是可拆解、可複製、可學習的！我們當然可以把教學當作一門藝術，一種形而上無法言喻、保持朦朧美感的學問；但我寧願把教學看作一種技術，可以仔細拆解，把每個動作環節切分得清清楚楚，是可以傳授、學習、複製的技巧。當你把技術練到爐火純青，加上對於教學的熱情以及不斷地自我修練，也許這樣的教學，就會成為一門真正的藝術！

老師們，你準備好了嗎？我們開始上課囉！《教學的技術》，學習開始！

Part 1
建立觀念

1

關於教學這件事

1-1　為什麼教學需要技術？

你曾到過企業內訓的教室嗎？讓我帶你進入在該領域排名世界第一的知名高科技製造大廠，某梯次高階主管教育訓練的現場。

企業內訓大考驗

早上九點開始的課程，講師 08：30 抵達，沒有過多的寒暄，開始在講桌旁設置電腦與設備。這時今天的學員一個一個走進教室，大部分的學員頭髮斑白，臉上有歲月歷練的痕跡。參加這次教育訓練的都是處長級的學員，每人掌管的部門，少則數十人，多則數百人，負擔公司幾十億甚至上百億的營收。看得出來大家都很忙，很多人帶著筆電，一坐到位置就開始回 email，有些人講著電話，交代今天部門的待辦事項。大家雖然人在教室，但看得出來都還心繫公事。

上課前有幾位主管交談著：「最近忙得不得了，公司還排這個訓練課程，要不是老闆強力要求，我才不想來。」另外一個頭髮較白、像是位階更高的長官說：「不要抱怨，訓練是公司給的福利，我進公司二十幾年了，上過的課也夠多了，還不是來了。」另外一個主管回應：「副總說的是！您都來了，也不知道今天的

老師是何方神聖？怎麼敢來跟副總上課，應該是副總上台教吧！」副總笑著說：「沒關係，如果待會老師上得好，我可以學習；上得不好，我可以休息！」負責訓練的 HR 趕緊上前說：「報告副總，今天的講師是我們特別做了許多課前調查，經過推薦找來的！一定不會讓副總及各位主管失望。」承辦的 HR 邊說邊擦汗，表情擔憂地望著講台邊持續測試設備的講師……。

沒多久，副總突然站起來，走向門口，原來是總經理帶著秘書來到教室。總經理非常重視今天的課程，不僅來給同仁勉勵，也打算加入整天的學習。講師特別上前跟總經理握了手，前幾天才在電視新聞中看到總經理，沒想到這一天他排開忙碌的行程，進入教室當學員。HR 特別幫總經理擺設了一個桌子，請他在旁督課。算一下教室裡的成員，年營收三千億元的公司，一位總經理、兩位副總、二十三個協理，所有的核心主管，都坐在這間教室裡。

09：00 整，講師站上台，面對二十五個陌生的主管、一位總經理、一個準備回電話的秘書。講師也注意到，不少人手抱胸前，面露懷疑，焦慮不安也寫在 HR 的臉上。就在這種氣氛中，準備開始接下來七個小時的課程……

這是一個很標準的企業內訓現場，如果你是台上準備授課的老師，你打算怎麼完成一整天的教學呢？

校園教學大觀園

再換一個場景，來看看學校教學的現場。

晚上 18：25，私校科大進修部第一節課，雖然上課鐘響，但

教室裡只來了不到十個同學，又過了十五分鐘，很多同學才陸續進入教室。工作了一整天，下班後還到學校進修，確實是件很辛苦的事。有些同學晚餐來不及吃，邊聽老師上課邊吃著便當。有些同學累了一天，上課時當然要抓緊機會休息一下。當然，也有很認真學習的同學，努力聽著老師專業的講解，但是很奇怪，不知不覺中眼皮卻變得沉重⋯⋯。不行，還是要努力打起精神聽講，進修才能夠真正有收穫。轉頭一看，隔壁小李的精神怎麼這麼好，開著電腦好像在做筆記？仔細一看，原來是在上 FB ！還是前面的小娟聰明，用手機看 IG 更方便一點⋯⋯

這是否也是你熟悉的畫面呢？校園裡的學生會比較好教嗎？

回到教學這件事，其實單純從外在來看，教學並不難，只要敢站在台上說話，應該就能夠擔任老師或講師。萬一不敢面對眾人，對著鏡頭講話、錄製成影片也是另一種形式的教學。只要你敢講、能講、好好講，教學其實並不是一件太困難的事情。

雖然不難，但是要把一門課教得好，就真的有點難度了。回想一下我們從小到現在上過許多的不同課程，包括求學時期在學校讀書、出社會工作後的在職訓練，或是自己有興趣報名的進修課程，其中有哪些是你覺得老師教得很好，能讓自己全心投入，並且印象深刻的？是精彩的課程多？還是枯燥的多？再評估一下，上得很好的課程，大約占了多少的比例呢？

教學等於講述？

如果仔細回想，你會發現，我們對「教學」的既定印象，其實就是所謂的「講述」，也就是老師用說話做為知識的傳遞方式，

站在台上把相關知識講一遍，或是傳達特定的概念、想法、哲理、做法、新知……，透過講述的方式讓學生理解。一堂課可能五十分鐘、二至三個小時，甚至一整天，大多數人所熟知的教學，大概就是這麼回事。

然而，如果教學只是一種知識的轉述，老師講、學生聽，在網路時代的今天，不是有很多替代方案了嗎？我們可以在 Google 搜尋、從 YouTube 找影片、甚至上各式各樣、符合需求的線上課程。如果教學只是知識的單向轉述，學生自己去找、去看就好了，為什麼還要坐在教室聽老師講課呢？

從職場的情況來看，知名企業提供高額的鐘點費，聘請外部顧問或職業講師來授課，目的當然不只是聽講師轉述知識，更重要的是希望員工能真的有所收穫：學習新知，提升能力，甚至一離開課堂就能將知識與技術派上用場。但是受邀授課的職業講師，大多只有半天到一天的時間，要在這麼短的時間內發揮這麼大的學習成效，職業講師是怎麼做的？可以確定的是，如果講師只是站在台上單向轉述知識或技巧，企業一定無法接受。企業的要求是更快、更多、也更實用，身為教學主角的職業講師，如何完成任務？

這就是本書的內容——職業講師專用的「教學的技術」。

誰需要教學的技術？

也許你會這麼想：「我又不在學校當老師，為什麼需要教學的技術？」根據我的經驗，有三種人會非常需要「教學的技術」。

第一種：公司主管、資深員工或專業技術人員

如果你是公司主管，或是比較有經驗的工作者，或在某個領域學有專精，或遲或早都會有教學的需求。因為公司老闆可能會對你說：「我覺得你做得很不錯，經驗也很豐富，可不可以跟同仁分享一下？或是帶一下訓練課程？」

這樣的要求，你很難向老闆說不吧？所以，也許你下星期、下個月就得開始在公司內部授業解惑，例如「業務開發技巧」「銷售技巧」，或是「行政管理技巧」「公司產品簡介」等，更專業一點的如「專案管理」「生產製程」「品質管理」等。由於每家公司隨時都會有新進人員或是員工訓練，公司除了聘請外部顧問，更常邀請內部同仁分享或教學；身為單位主管或資深員工的你，通常就是這項任務的執行者。除了在企業內部教學，不少專業人士或主管還會獲邀到學校為學生授課，或與學校老師協同教學，稱為「業師」。

不管是哪一種情況，一旦成了別人的老師，你就需要教學的技術。

第二種：學校老師

當然，學校老師的工作主要就是教學，不管大學或國、高中，教學都是老師核心的能力。不過，隨著時代的改變，學校面臨的挑戰不同於過去，學生的學習態度和動機也與往日大不相同，老師的教學因此面臨更多考驗。如何高效教學？如何應用一些技巧吸引學生的注意力，讓他們投入學習？這是許多第一線老師每一天、甚至每一堂課都要面對的問題。

第三種：職業講師或業餘講師

現今的社會中，已有一群專業人士的工作是到各大企業授課，以四處教學為職業，時薪從數千到數萬元不等（知名講師一小時的鐘點費，可能是某些上班族一天、一週、甚至一個月的薪水）。這類講師過去被稱為「企管顧問」，但更精準地說則是「職業講師」。大部分的職業講師是從企業主管或專業人士轉任，也有些講師平日仍有主業，只在業外時間另接一些課程或演講，不妨稱之為「業餘講師」。

一旦身為業餘或職業講師，專業知識就是基本的必備條件了。如何透過教學的技術，將自己的專業轉化成企業學員好吸收、能應用的精華，並在課堂上牢牢抓住學員們的注意力，幫助他們有效學習，就是頂尖職業講師很少公開的 Know-How，也是業餘講師與職業講師之間的微妙差別。

值得不斷開發的寶藏

教學也可以不需要技術，只要有好的老師、好的學生、好的環境，在相互搭配的狀況下，「怎麼教」好像就沒那麼重要。但是，如果你真的想把一門課教好，就必須思考有哪些方法了。如果只是單純的講述，跟網路上的影片、手機上的聽書，或上上 Google 就搜尋得到的知識，到底有什麼不同呢？

身為教學者，不論是在企業授課、學校教書，或是有志成為職業講師，都有義務發揮教學更大的價值，讓實體課程的效果可以遠遠超越單純的聽書或講述，讓學生真的學得懂、學得會、學得精，「教學的技術」這個寶藏，永遠值得我們去開發！

1-2 老師的價值：讓學生知道、得到、做到

網路時代改變了很多事情，特別是這幾年線上學習、碎片化學習、有聲書學習都非常盛行，我自己就訂閱了不少「得到」的專欄，包括萬維鋼的菁英日課、北大經濟學課，還有梁寧的產品思維 30 講。國外的課程我也看過 Learning How to Learn，或是付費的大師寫作課。當然，如果不想付費，只要有時間 Google 一下，無數的知識全都在你的眼前。

學習的三個層次

懶得 Google 的話，當然你也可以去買一本書，作者的知識結晶都整理好了，寫在書上。像是《上台的技術》，囊括了我過去多年在簡報上的教學重點及心法；而知名講師謝文憲（憲哥）的《說出影響力》、《教出好幫手》等多本書，也都毫無保留地傾囊相授自己知道的一切；數字力大神林明樟（MJ）的看懂財報系列書籍，更清楚整理了他上課的重點。

換個角度想：如果老師教的東西，書中都已全部收錄，或是網路上也找得到，那麼老師的上課價值究竟是什麼？

對此，我自己有個想法：企業講師的價值不只是讓你「知道」，

還要讓你「得到」，並且能「做到」！

第一層：知道

　　如果老師教學的核心只是讓學生「知道」，也就是知識、技巧或態度的傳授，這樣的教學其實價值不高，因為有很多替代方案都可以讓學生「知道」了，譬如看書、網路搜尋、線上課程、甚至其他更好的實體課程。由於目標只是從未知到已知，如果學習者是主動搜尋或主動求知，說不定效果還會更好。

　　例如教「醫療與法律」的老師，如果只是在課堂上跟學員分享法律條文、醫療法規，還不如出作業讓學員在家自己研究，或是上網找醫療相關的法律知識，成果說不定和在課堂上學習大同小異。

第二層：得到

　　知道的東西不見得懂，也不見得會用。因此任何的知識、技巧或態度，都要從知道到理解才算是真的「得到」！想讓學生真的得到，老師可能要套上自己的經驗，依對象適當轉化知識，才能讓學生真正理解所學知識代表的意義，並且能夠在不同的情況下應用。

　　我認識一位教導「醫療與法律」的優秀講師楊坤仁醫師，人稱「大仁哥」。他除了是一位急診醫師，並且取得法律碩士學位，在醫療與法律的教學課堂上，會舉出許多實際的醫療個案，說明「民事」與「刑事」在這些個案中適用的狀況，即使在上完課很久之後，我仍清楚記得他特別強調「有無損害 vs. 有罪無罪」的重點。他運用了個人經驗轉化相對枯燥的法律條文，讓學員不僅「知

道」，而且真的「得到」，內化了知識內容，同時吸收到講師的寶貴經驗。

第三層：做到

一般而言，老師的教學若能從「知道」提升至「得到」的層次，就已經很厲害了。然而，職業選手有更高的自我要求：身為老師，不僅要讓學生「知道」「得到」，還要幫助學生現場「做到」！這就真的需要一些功力了。

若想讓學生「做到」，老師必須設計出一套教學方法，幫助學生立馬展現剛剛才學到的知識、技巧或態度，然後再由老師當場修正。你可能會想：「這很簡單，我之前聽過演練法，安排學生演練就好了。」問題在於，設計一個切合主題的演練並不簡單，必須考慮學生的學習動機（想不想演練）、演練的主題（是否即時出題）、練習的難度（能不能演練出來）、時間規劃（有沒有充裕的時間演練）、甚至老師是不是有能力即席提供準確的指導與修正，這些都是問題。因此要讓學生當場「做得到」，對企業講師而言絕對是一項高難度的挑戰，也正是優秀企業講師的價值所在。

同樣以先前提到的「醫療與法律」的課程為例，講師大仁哥在說明了病歷書寫與法律的相關案例之後，會採用 case study 的方式模擬情境：有一個病人走進診間，表示自己冒冷汗、不舒服，胸口有點悶。接下來，講師請現場學員寫下診斷及病歷，然後在收回寫好的病歷後，開始逐項檢討診斷和病歷書寫的細節。在這個階段，學員會豁然開朗地真正理解，怎樣才是正確且符合法規的病歷寫法。大仁哥將這套教學操作得非常精彩，充分幫助學員

應用剛學到的技巧，將學習提升至「做到」的層次。

　　「知道」「得到」「做到」，三者之間有很大的差別。好的老師或教練，不僅能讓學生「知道」「得到」，更重要的是幫助學生在你面前「做到」。也許一開始做得不夠好，但是老師可以允許學生犯錯，並且逐步修正改善。我認為這才是教學的終極目標。

1-3 關於教學的三個基本問題

　　假設你是公司主管或資深員工，有一天老闆交給你一個任務：「下個月的新人訓練，公司想請你去教一堂九十分鐘的時間管理課程，讓新人都能像你一樣，建立良好的工作態度，可以嗎？」請問，你會如何回答？你能勝任這項教學任務嗎？

　　其實，不論你是企業主管、學校老師或是職業講師，都有可能遇到有關教學的三個基本問題：教學經驗、學生態度，以及環境干擾。

一、教學經驗：老師的問題

　　別懷疑，從「你自己會」到「教別人會」絕對是距離很遙遠的兩件事情！很多人以為，只要一五一十地講出自己會的東西，，就算是「教學」了；但是，從學生的觀點來看，他們是否聽過老師講就能夠學會？在上課的過程中，學生夠集中注意力嗎？如何在學習之後，實際應用到生活與工作中？老師自己熟悉的知識或技巧，可不是用嘴講出來就好了，還得轉化成可以教也可以學的內容，更必須思考許多關於教學設計與技巧的事情。

　　你必須思考：學生是誰？他們的需求是什麼？問題是什麼？

你要如何構思教學的流程？要操作哪些教學法？要用什麼樣的媒體或素材呈現課程內容？需要分段或區隔結構嗎？隔多久下課休息十分鐘最好？如何維持學習者的注意力？講述與其他的教學手法怎麼平衡安排？

要考慮的事情這麼多，教學者卻不一定有經驗，因為你可能是第一次授課，或者一年只教幾次（職業講師一星期有三至四天的課程），由於教學經驗不足，上台後不大可能談笑風生、口若懸河。就算你已有些經驗，還是非常有可能會遇到下一個問題，也就是採取大量的講述法，一路在台上陳述你的知識或經驗。對老師而言，這也許是最容易執行的教學方法，但對學生而言並不那麼有效，甚至是效果最不好的。為什麼呢？

二、學習態度：學生的問題

如果你在台上教過課，一定可以想像學生的學習態度是另一個難題。

以我個人的經驗為例，有很長一段時間，我在一間極為知名，也是領域內排名世界第一的上市公司固定每個月開課，一年大約教十至十五梯次。表訂早上 09：00 開始，但時間到時通常只有一到二成的人落座，晚來的學生會零零落落地走進教室，有些人甚至手上還拿著早餐。

等到 09：15 我們準備正式上課時，放眼台下，通常會看到這些表情：有人以肘撐頭，有人雙手交叉抱胸，有人在吃早餐，有人在打電腦，雖然也會有人開始翻閱講義，卻也有人目光朝著門外或窗外，連正眼都不看講師一眼。若用一句話來傳達現場學生的心聲，應該就是：「我很不情願來，你就趕快上課吧！」不誇張，

這就是企業教育訓練時，一般上班族上課時的情況。

因此，才一開始上課，我就必須運用一些教學技術，調整學員的學習狀況。第一堂課下課時，我問了幾位學員：「為什麼一開始上課時，感覺很不開心啊？」學員會有點無奈地說：「我從昨天晚上值班到今天早上七點，才剛下班就來上課了。」「我們最近一個月都很忙碌，手邊有好多工作要處理，上課其實就是讓我少掉一整天的工作時間。」「下課回去，我還要加班才能把工作處理完。」「過去上過許多教育訓練，但不是每一種課程都對我有幫助。」「我是被主管指派來的，因為公司規定。」「一開始的時候，我不認識講師，不知道講師教的東西真的有用嗎？」

不管你覺得有沒有道理，這些都是學員們的真心話；而且，可以想見還有更多沒有說出口的潛在問題。總之，剛開始上課的時候，和你形同陌路的學員是不大可能完全投入的。

在企業是如此，如果場景換到校園，情況會比較好嗎？

前一陣子，我到台灣一所國立頂尖大學教了一堂三小時的課；上課一開始我看了看台下，不少學生同樣流露出抗拒或沒什麼興趣的表情。其實這是一堂非常熱門的選修課，需要競爭才能修到，儘管如此，學生仍然會有態度的狀況，不難想見一般的教學現場了。相信許多在學校任教的老師們，對此一定心有戚戚焉。

三、環境干擾：手機的問題

除了老師的教學經驗與學生的學習動機，在教學時還會出現一個「頭號敵人」，時時刻刻都在跟老師搶奪學生的注意力：就是「手機」！

現在是智慧型手機的時代，這也帶來了一個巨大的教學挑戰：

學生很容易轉移注意力。當老師在台上講課時，只要稍微感到無趣，或是單向講述久一點，學生可能就會馬上打開手機，開始滑了！一旦傳染開來，要把學生的目光從手機螢幕上拉回來，讓他們對課程保持專注，就成了不可能的任務。

沒錯，有些課程或教育訓練現場規定不能帶手機！但這並非常態，也會衍生出其他的問題，例如手機保管、重要訊息無法即時回覆、學生的抗拒等。如果情況已演變到老師必須與手機、平板或筆電爭奪學生的注意力，失敗的一方經常只會是老師。也許學生不見得會一直盯著手機，但只要邊聽課邊看螢幕，看一下社群媒體、傳個訊息，教學效果一定會大打折扣。隨著時代的變化，這絕對是今日教學現場中最嚴峻的挑戰之一。

企業內部訓練時還會有電腦、工作業務、信件回覆、電話回覆等不同的干擾，全都會打斷教學節奏，搶奪學生對老師的注意力。在這麼高頻率的外部干擾下，想要如願教好任何一門課都絕對不能沒有應對的策略。

解決問題的獨門秘訣

雖然教學會遇到教學經驗、學習態度、環境干擾三大挑戰，也就是來自老師自己、上課學員、手機或電腦等三個面向的問題，但這些都有辦法解決！

在前述高科技公司的教學案例中，雖然上課前學員的學習態度不見得高昂，但是在課程開始之後，我總能迅速抓住學員們的注意力，並且吸引大家的投入。最終在課程結束後，得到學員們滿分或接近滿分的評價（五等量表分數為 4.9～5.0，該公司歷年最高）。至於在大學的授課，面對原本有些無精打采的大學生，

我也能夠快速調整，讓他們馬上換個心情，投入學習，最後收到極為滿意及充滿學習成效的課後心得。

這麼說好了：職業選手必須擁有一些獨門秘訣，專門用來應對教學現場會出現的問題。這些獨門秘訣，當然就是本書要分享的「教學的技術」！

1-4 什麼是「正常」的學員？

身為企業內訓講師，我常會遇到一個很現實的情況：如果學員沒有學習動機怎麼辦？更白話地說，如果面對的是並不想來上課的學員，講師可以做什麼？

關於這個情況，牽涉到一個很有趣，但也很重要的核心觀念——什麼是「正常的企業學員？」

換位思考，理解你的學員

在提出你的想法時，不妨先思考以下幾個問題：

問題一：「正常情況下」，企業內訓開始時學員處於哪一種狀態？

A：九點不到，就已經全部坐在教室裡。

B：已經九點了，學員卻只到了大概一半。

你認為是 A 或是 B 呢？正確答案是 B。

因為對企業講師而言，上課是任務，當然要提早抵達現場。但是對企業學員而言，上課卻是義務，只要有到就好。雖然公司

認為教育訓練是員工的福利，但學員未必會這麼想。很多學員都在上課前就告訴過我，他們已經很忙，工作都快做不完了，上課一整天只是加重之後的工作負擔。

問題二：課程開始前，教室內學員的態度如何？

A：大家都往前坐，以便待會上課時聽得清楚也看得清楚。

B：大家都往後坐，找一個隱蔽性高的座位，待會上課時順便休息一下。

關於課程開始前教室內的真實畫面，這些年來我蒐集了不少照片。

正常的狀態，先到的學員會選後面的位子，往往還不是正後方，而是兩側的角落，後來的人才逐漸往前坐。入座之前，也會尋找熟悉的面孔，與認識的人坐在一起。如果人資強制分組（一般會打散分組），學員只好坐在自己的位置上，但也會開始吃早餐、滑手機，或者打開筆電處理事情。

問題三：課程開始了，假設站在台上的是知名講師憲哥，你覺得台下學員會有什麼反應？

A：這位講師很有名，課程很難報名吧！我們要好好珍惜！

B：憲哥？好像聽過，是主持股市或談話性節目的嗎？跟今天課程有什麼關係啊？

特別以憲哥為例子，是因為憲哥的企業內訓資歷很深，十年超過一萬小時，非常知名，還出版了十本書、主持電台節目、推

出許多網路影音課程。即使如此，對大部分的企業學員來說，他們想的是：「這跟我有什麼關係？」不管講師有不有名，學員在乎的還是：「這個課程能帶給我什麼？」

就以我自己的經驗來說，有一次我在國內某大科技廠教課時，儘管過去幾年已經在那裡連續上了十梯次以上的課程，也得到該企業極高的評價，然而當天簡報課程一開始，我就感覺有一股低氣壓籠罩著。大部分的學員只是漠然地看著我，還有幾個學員連頭都沒有抬。我的感覺是：「嗯，正常。」然後按照我原本的規劃與節奏進行預定的課程。過程中，雖然感覺有點難帶動，但到了下午的時候，學員的表現與投入就如往常一般優秀。

一直到課程結束後，人資主管才問我：「老師有感覺今天學員怪怪的嗎？」我說一開始有，但隨著課程進行，這種感覺慢慢地就沒有了。人資主管說：「我們公司規定，晉升主管必須做簡報，簡報表現不佳就無法順利晉升。而今天來上課的夥伴，就是簡報技巧關卡沒通過，被要求來上您的課。」我聽了恍然大悟。「所以，大家一開始心情很差，因為是不得不才來上課的。」人資解釋說。

還好我是下課後才知道這件事，如果一開始就被告知，我就可能很難保持平常心，授課的態度也許太用心或太小心，氣氛反而會更僵。事實上，對一個企業講師而言，面對有對抗性的學員就是每次教課的常態。

體認現實，改變現況！

不管教室的氣氛原本如何，把學員的態度從抗拒學習轉為投入學習，教好難教的內容，化複雜的技巧為簡單，才符合企業與學員對講師的期望。

　　當然，有時候也會遇到全班程度與態度都很好的學員。不過，可千萬不要以為這樣就簡單了——學員程度越好，表示學員的要求越高。我曾遇過全班都是處長與副總等級、平均年資二十年以上的學員；這種特殊情況，更是考驗講師的能力。

　　總之，面對有對抗性的學員是講師教課的日常。只有先體認這個事實，才能正確思考，如何讓這些有點不得已、或是根本就不想來上課的學員，能夠在一開始就被老師吸引，視線離開手機、離開電腦，甚至連心思都能不再掛念繁忙的工作，全然投入一整天的課程，最後大有所穫。這就是企業講師之所以必須不斷磨練教學技術，努力實現的目標啊！

1-5　學習動機與教學方法

　　不少朋友透過個人經驗及觀察，得到一個結論：「大師都用講述法！」然後推論出下一句話：「所以講述法才是大師的技巧！」

　　前面一句話與我的兩次體驗接近。第一次，我在多年前聽過《第五項修練》（*The Fifth Discipline*）作者彼得‧聖吉（Peter M. Senge）九十分鐘的演講，全程都採用講述法，而且只出現兩張投影片不說，上面還全是密密麻麻的文字。我帶著朝聖的心情前往，最後很榮幸能與大師合照。第二次，幾年前我有機會聆聽經營之聖稻盛和夫的演講，兩小時全程以日文讀稿，搭配中文翻譯的字幕。演講結束後，我對講者遠道來台，在台上坐了兩小時的精神深感敬佩！

講述法的思想實驗

　　既然連世界級的大師都用講述法，所以在企業內訓或一般教學時，講師也可以這麼做？

　　回答這個問題之前，我們先來進行兩個思想實驗，在腦海中模擬一下可能的狀況。第一個思想實驗是：如果上述兩場演講不是大師親自前來，而是請台下任何一個人上台，依照大師的話照

講一遍，特別是經營之聖那一場，稿子已事先寫好了，你覺得效果會不會一樣？台下的你，還會不會在講述結束後，跑去跟讀稿的人合照？覺得他稿子讀得很精彩，你心中萬分感佩？

第二個思想實驗是：如果大師本人一模一樣地講述，只是場景搬到企業內訓，台下坐了二十至三十個企業學員；再假設學員都不認得大師，只知道是一場企業內訓（這情況其實也很普遍，我在授課現場訪問過很多次，學員只知道主管派他來參加訓練，對於課程內容及講師大多一無所知），你覺得純講述的課程，在經過一個小時後，學員的反應會是如何呢？

在第一個思想實驗中，如果你抵達演講大廳後，發現大師不在現場，而是由其他人照稿子唸，效果應該會有很大的差別吧，說不定你當下就一走了之了！

關於第二個思想實驗，將純粹的講述法運用於企業內訓，我就曾在現實中見證過。不久前，我在帶一個演練課程時，隔壁教室剛好也有課，由於教室之間是活動隔板，因此隔音效果不太好，我能隱約聽到隔壁傳來的聲音，而且可以確定，那位講師一整天都在用講述法上課。中間下課時，我路過隔壁教室往裡面看了一眼，一半的學員趴在桌上，有些坐著閉目養神，整間教室陷入一種缺氧的狀態，差別只在於我無法確定講師是否是位大師。

跟著大師依樣畫葫蘆？

回到前面的問題：「大師都用講述法，所以在企業內訓或一般教學時，講師也可以這麼做？」經過兩個思想實驗，我有三個感想：

一、大師之所以是大師，因為他有洞見、有想法、有經驗、

有實績，所以大師怎麼教、怎麼說、怎麼做，已經不能以一般的標準來衡量。套一句憲哥常說的：「你是誰，比你說什麼更重要！」

二、進一步推論，大師的名聲能吸引到有興趣的人，明顯強化學習動機，並帶來良好的效果。現場無論用什麼教學法，即使是單純的講述，有強烈動機的學習者也會寫滿筆記，融入個人見解、深入思考，自然會有很大的收穫。

三、從企業內訓現場的真實狀況可知，學習動機是一項挑戰。對公司而言，教育訓練是福利；對員工而言，上課多少會影響工作進度，尤其在被主管指派的情況下，並非自發性的學習，難免心不甘情不願。即使是有心學習的員工，動機也絕對比不上追星般自掏腰包搶購大師演講門票的人，因此很難抵擋單一講述法的催眠，畢竟人類都喜歡有點變化。

你真的盡力了嗎？

我的想法很簡單：不管採用什麼教學方法或技巧，有效就是好的！

由於教學現場不同、學習動機不同、參與程度不同，學生的反應自然不同。教學時，如果學生都非常專注、投入，老師並不需要改變原本的方法，因為有可能你就是那個對的老師（大師），或是上課的都是對的學生，並有對的動機與態度，只要學習成果好，一切都是好的。

但是如果上課的學生反應冷淡，兩眼無神，甚至開始夢周公（你真的相信睡眠學習法嗎？），這時請不要認為「一定是這個課程不好教」「一定是這些學生沒天分」「一定是我不夠有名」，也千萬別自我安慰「只要有一個人有收穫就好了」，或是相信所

謂的「佛系教學法」——「佛渡有緣人」「我盡力了」「無論學生們有沒有認真學,反正我對得起自己就好」……,這些都不是正確的教學態度。真正想成為職業選手級的講師會這麼告訴自己:「不管什麼課,一定有更好的教學方法,只是我現在還不知道,或者還沒發現而已。」

更正面的想法是:只要身為老師,所有跟你在同一間教室的都是「有緣人」,要想辦法提高教學的吸引力,掌握所有學生的目光,讓他們投入你精心規劃的課程中。目標當然不能只讓一個人有收穫就好,而是要想辦法讓課堂上的每個人都有收穫,在課程結束時確實帶走一些好東西!你需要的不僅是「盡力」,而是要好好思考,如何改進自己的「教學能力」,透過課程規劃及教學方法的改造,除了講述法之外,還能融入許多教學手法。最後的目標是:「老師說得越少,學生學得越好!」

我不會一廂情願地認為「教學的技術」能解決所有問題,因為我知道學習動機是個非常不容易撬動的開關;我也了解挑選適合的學習者的重要性,但是,一旦身為職業講師,就沒有挑選戰場的權利。只要站在講台上,就必須完成有效果的教學,傾全力搞定一切!

所以,先改變你對教學的想法,然後改變你的教學方法,就有機會改變學生的學習動機。「教學的技術」要讓老師教得無往不利,學生學得有效果,而且充滿樂趣。

應用心得分享

沒上到會覺得很可惜的一門課！

台中榮總家庭醫學部主治醫師／TED×Taipei 講者　朱為民

推開門，走進教室。

距離上課時間，還有十分鐘。午後時分，教室裡稀稀落落地坐著十多個同學，有的在看手機，有的打著電腦，有一個趴在桌子上睡覺，有一個在吃便當，有一個在吃泡麵。我打開背包，熟練地拿出電腦，接上轉接頭和投影筆，測試麥克風和燈光，大約花了不到十分鐘。上課鈴響，一抬頭，所有的同學幾乎是維持原來的動作，看手機的看手機，打電腦的打電腦，吃便當的吃便當，睡覺的睡覺。

這是國內某大學大二「安寧療護概論」的教室現場，也是我第二次來這間學校授課。

去年是我第一次來上課，也是第一次到大學授課。因為自己也算是距離大學畢業沒有很久，我心裡多半對大學生的表現有個底。沒想到，上完課對於內心的衝擊和自信心的打擊，可說是遠遠超過我課前所想像。正如同上述的教室畫面，我使盡全力上了兩個小時，但是許多同學依舊做自己的事。

「明年，還要繼續接這門課嗎？」是我下課後腦中第一個念頭。第二個念頭是：「佛渡有緣人，反正我盡力了，他們想聽就聽吧。」

但是，真的是這樣嗎？

幾個月之後，我報名了「憲福講私塾」的課程，這是一門由知名企業講師憲哥和福哥所開設的教學技巧課程。課程一開場，福哥就用一句話震撼了我：

「絕對沒有『佛渡有緣人』這回事，老師要為自己的教學負起全責！」

是呀，難道學生不想聽、不願意聽，都是學生的問題嗎？其實老師應該要想辦法讓學生想聽、願意聽，才是真正的師者本色啊！

　　而要如何讓學生想聽、願意聽呢？接下來的課程，憲哥和福哥把所有應該知道的技巧教給我們：如何開場、分組、自我介紹、獎勵機制、舉手問答、小組討論、遊戲教學、影片運用……，幾乎可以說是教學技術的大全餐一次吃到飽，而我也在課程當中設法一個技術又一個技術地吸收。

　　你說，這樣的技術，實戰中到底有沒有用？老實說，我一開始也不確定。但過了不久，當大學裡的助教寫信問我說，願不願意明年繼續到學校上課的時候，我猶豫了一下，跟他說：「我願意。」

　　拿起麥克風，我清一清喉嚨，開始使出我這一年來學到的教學的技術。從開場、自我介紹、分組、選組長、小組討論、影片教學……，我按照之前上課所教的，一一操作。神奇的事發生了，那些吃便當、泡麵的都停下筷子，開始參與了分組的討論，更不用說那些打電腦、滑手機的同學了！最令我開心的是，課程進行到一半，因為大家討論太熱烈，連那個睡覺的同學都醒來了！他有點不好意思，連忙加到其他同學中參與討論。我看著熱切進入狀況的同學們，內心浮起了一個大大的笑容。

　　過了半年，學校寄給我一張獎狀，我雖然只上這一門課，但還是獲選為當年度的績優教師！同學給我的評語，寫著：「沒上到會覺得很可惜的一門課。」

　　我想，這就是「教學的技術」的威力！

　　推開門，走進教室。如果你也想成為一個好老師，這本書可以助你一臂之力，實現你的理想。

教學技術，一切從「心」開始

國立台中科技大學應用英語系教授　嚴嘉琪

從 1995 年開始就在大專院校教書，在美國進修博士時也擔任中文助教，回國後在私校及國立大學任教至今，教書已二十三年。近年來「佛渡有緣人」是我的教學心態：「有緣的學生，就多教一些；無緣的，就少說一些。」我知道這和企業講師教學態度截然不同，但總覺得，這是兩個不同世界，無法比擬。後來，「緣分」到了，開始看福哥有關「教學的技術」部落格文章時，每每思考：「這適合用在學校嗎？」「這可以用在大學生嗎？」一次兩次三次自我回答：「不行」、「不一樣」、「行不通」，到多次以後，赫然發現，為什麼自己一直重複這答案？明知是有效的教學法，卻一再以「狀況不一樣」來搪塞，頓時發現，原來教學「心」態，才是我教學專業上最大的阻礙。

上完「教學的技術」工作坊，重新看原有教學課程設計時，宛如看到一個新生命即將誕生。例如，對「時間」認知的轉換：原本一學期十八週課程，也就是有十八次上課機會，很多課程內容，可以慢慢學，這次不會，還有下一次；甚至這學期被當，沒關係，還可以重來一次。殊不知，這樣一來，沒有針對當下的教與學，做成效評估。反觀企業的專業講師課程，往往一次定勝負，因為要讓學員立即學到帶得走的能力，當下的學習成效很重要。所以，基於「時間」概念的轉換，我開始修正課程細節，把原本一學期的課程概念，轉換為同一核心主題的十八次不同課程，讓整個節奏變得更緊湊，教學法也更加多元，像是多種問答方式、小組討論、加分遊戲等。

舉例來說，「破冰」活動，以往我花不到三十秒就完成簡單自我介紹：「我是嚴嘉琪，這門課程是 XXX，好，我們進入教學大綱說明。」沒多說是因為很多資料學生自己上網查就好了，不用我在

這裡多做說明，而且學生也不會有興趣知道老師個人豐功偉業。不過經過「教學的技術」課程洗禮後，轉換了教學心態：「我希望把每一個教學動作都做到位，連自我介紹也是。」於是我自問，如果要做「自我介紹」，其目的是什麼呢？我想應該是希望在教學互動上，多些人與人之間的溫度，減少學生心理層面的學習阻力，增加自我突破的可能性。

根據這些想法，我做了一個大概三分鐘的 PPT 自我介紹（但準備上花了不少時間），透過自動播放，再搭配音樂，讓學生對我有初步了解；也同時邀請學生回家後，簡單寫下個人故事，下週繳交分享。

這樣的初步個人互動，在教學上，無形中產生了奇妙變化，其中一個案例就是，透過學生提供的自介，我知道某學生很不喜歡英文，但熱愛運動田徑，雖然在課堂上，不時表現出有英文學習障礙，但我不定時會用運動員精神做為隱喻，無意間希望可以激勵他的學習動機。期末時，這個同學跟我說：「老師，謝謝你，以前我不知道可以這麼學習，謝謝你教我方法。」

從轉變教學心態，到修正課程細節，一次又一次測試後發現，之前上完課，就是解散下課，人去樓空；現在下課時，居然會聽到學生拍手鼓掌！連原本是翹課大王的某男學生，看我下課後獨自收東西，還會問我需不需要幫忙，諸多學生長期以來不曾有過的單次課程小反應，都讓我內心感動不已。

老師的教學心態，若能透過不斷自我要求、進化再進化、修正再修正，老師態度是如此，學生一定有所跟隨和學習，one way or another，所謂言教不如身教，恰如其分。上完福哥「教學的技術」課程，讓我二十三年的教學轉變，一切從「心」開始！

登上教學的美好高原

台北醫學大學醫學系副教授　林佑穗

　　從在政大兼課教生理學開始，我在大學的課堂講課超過二十二年了。為了讓學生學得更好，我致力於把課程架構得很清楚、內容包含比喻與案例、上課充滿互動與風趣。這麼賣力地教，每一年的教學評鑑，雖然都被選為優良教師，但是我總隱約感覺到有片天花板限制著教學。我觀察到即使學生當場聽懂了，其實並沒有留在他身上，過一陣子就歸還給老師我了。也曾跟很多人討論，得到的回饋多半是，「你已經教得很好啦」、「學生就是這樣啊」（以下省略抱怨學生數百句）。慢慢地我也相信，這應該是學生方面的問題。

突破教學的天花板

　　直到六年前福哥來敝校教簡報，簡報功力超強無庸置疑，但我更震驚的是怎麼有人這麼會教學。後來福哥慷慨拆解了教學的秘訣，我用了其中幾招，那片困住我教學很久的天花板，它煙消雲散了。

　　在教呼吸生理學時，有個複雜的鼠肺連接裝置。以往，我都是圖文並茂地講解，再當面示範操作。從課堂當場的問答，學生大多懂了。但是期末考時，考選擇題還好，若是以簡答題，要求學生畫圖說明該裝置，居然只有低於 40% 學生能全部答對。試想我能做的都做了，這麼低的教學存留率，果然是學生的問題啊！但腦海中忽然出現福哥說過的一句話，「教得越少，學生學得越好！」對啊，我做了太多，把教學弄成一場脫口秀了。我決定把學生拉進教學場域，他們應該是主角，而非旁觀者。但是下一個問題是，學生進來了，該做些什麼呢？使用小組討論與分組報告嗎？效果好像只有好一點點。回想福哥是怎麼教學的，原來並不是簡單地讓學生討論與報告就好，課程內容是要經過精細地設計與拆解的。

學生比老師忙碌

我開始不急著講解，而是讓學生先分組，再公布今天課堂的規則與獎勵。學生要挑戰的目標是鼠肺裝置的組裝。在展示組裝前零亂的物件後，為了刺激學生動腦，我還混雜了些不會用到的零件。考慮學生的程度，將學習目標拆解，分階段讓學生討論與演練。再壓縮每段討論的時間，以激發討論強度。去旁聽學生群的討論，若有小錯誤，我袖手旁觀；若有大偏差，則適時地拉他們一把。看著學生或皺眉苦思，或興奮討論。我心想，學生終於加入學習場域，終於比我忙碌了。期末考的考核，結果讓我跟助教都驚呆了，前所未有的學習成效，超過 95% 的同學全部答對。我隔年再如法炮製，仍一樣有效。

如果您在教學時發現自己使盡渾身解數，成果卻不如預期，福哥的教學法，讓我窺見教學的美好高原，在此極力推薦給您。

應用心得分享

找最強的導師，有機會成為最強的公司

新加坡商鈦坦科技總經理　李境展

榮獲亞洲知名人力資源刊物 HR Asia《2018 亞洲最佳企業雇主獎》的新加坡商鈦坦科技，有什麼不外傳的企業經營心法嗎？有的，除了成功的敏捷組織轉型外，其中一點是在邀請外部講師教練時，我們只找「世界級第一流的專家」。

在 2012 年，為了提升內部教育訓練的品質，同時建構學習型組織的基石，特別邀請了福哥為夥伴們上課指導。兩天的課程，從教學內容主題的選定、教學的方法、實作演練與回饋，整場課程讓所有第一次參加「企業內部講師訓練課程」的夥伴們，對於教學這件事，有了全新的體驗與視野。這堂「教學的技術」課，從此也成

為鈦坦科技內部講師培訓的必修課程，一直持續到現在。

高感受度的設計與規劃

　　以我的個人學習經驗為例，第一次上福哥的課是在 2012 年，除了完整的課程學習，最印象深刻的是學到了「如何使用便利貼」進行簡報企劃。從草擬主題，接著做發散式的腦力激盪，把每個創意點子分別寫在不同的便利貼上；收集後開始進行收斂與聚焦，並重新調整章節的排列順序。運用視覺化的便利貼，以及易於調整排序的便利性，在短短數分鐘內，便能完成簡報企劃的第一版架構。這和敏捷開發工具選用時所採取的「Low-Tech, High-Touch」低技術高感受度原則，不謀而合。

　　看到教練福哥在受訓講師群組裡的貼文寫著：「老師們好！已經給了五組回饋，有一組很棒！然後，其他四組……嗯，請加油！要從課程分析開始，仔細地想清楚：你要教什麼？你的教學目標是什麼？接下來好好思考如何運用不同的教學手法，強化教學效果。而不是前面講一堆，最後才放一個大演練，這樣是不行的啊！重作的小組們，請加油！」除了感受到福哥的教練風格，以及對學員作業品質的要求外，我看到了在組織內又有一批新的種子正在發芽成長，並且有一位充滿熱忱的教練在旁近距離地貼身指導。

Never Stop Improving

　　福哥在過去六年間的指導，為鈦坦科技訓練出了一批批散播知識的種子，他們是企業不斷成長茁壯及自我挑戰的動力來源。我們深信找最強的導師，培育內部最強的師資，才有機會成為最強的公司，達到超越自我 Never Stop Improving 的目標。

應用心得分享

不只是技巧

台北藝術大學副教授／諮商心理師　許皓宜

　　認識福哥是因為憲哥，崇拜福哥卻是因為「教學的技術」。

　　教學十多年，我覺得自己是個教學內容還不錯的老師，但只要提到教學活動，我就頭痛。「互動」不是我擅長與喜歡的，但在教學與演講的場域裡，卻是必備。

　　某次，我有機會在一場講座中，親眼見到福哥親自示範「教學的技術」。我實在無法用文字形容當時的震撼，對我這個不擅長使用互動技巧的人而言，那場下班後滿是疲累上班族的數百人講座，在福哥巧妙催化下，居然變成一場活生生的講座派對。從此以後，我就知道福哥是我在教學生涯上，必然請益的一位老師。

　　見到福哥將他的教學法寶，透過文字公諸於世，身為欲拜師的後進，一定要站出來大聲推薦，相信你也會和我們一樣，從中獲得許多。

　　教學、講話、溝通，福哥談的不只是技巧而已，是激勵我們願意表達自己的勇氣。

Part 2
課前準備

2

課程的分析、設計與發展

2-1 系統化課程規劃五步驟
——ADDIE

　　請先想像一個場景：剛升任公司主管的你，某一天接到總經理的指示，要你幫新進人員上一門「時間管理」的課程。原來是老闆覺得大家平時太常加班，希望新進人員學習有效運用時間，完成工作。因為他認為你工作效率極佳，時間管理技巧一定很好，所以請你擔任講師，負起這門課的教學任務。你心想：「會做跟會教，可是兩件事啊！」正在為了準備課程而傷腦筋的你，接下來要怎麼樣發展一個課程，順利地完成這個教學任務呢？

　　大部分的教學者遇到這種狀況，第一件事就是做投影片。這其實是一個錯誤的開始！因為一個好的課程，要考慮到學員需求、課程設計、教材教具、教學方法，以及課後驗收。不是只有漂亮的投影片而已！這些不同階段的思考重點，就是接下來要分享的：ADDIE 系統化課程設計。

　　一個好的課程，是可以經過系統化的方式規劃出來的。廣為人知的一個系統化教學設計（ISD：Instructional System Design）方法是：ADDIE，分別代表課程規劃的五個步驟——分析（Analysis）、設計（Design）、發展（Development）、執行（Implementation）、評估（Evaluation）。

這個課程規劃方法早在 1975 年就發表了，是由佛羅里達州立大學布蘭森（Branson）等人為美軍訓練所做的研究，甚至在更早上十年的 1965 年，美國空軍也有過五步驟的課程發展模型；但一直要到美國訓練發展學會（ASTD）在 1990 年代發布了一篇文章後，ADDIE 這五個步驟才開始在教學界流傳、風行。

別擔心，理論的介紹到此為止。

如何實際應用ADDIE五步驟？

舉一個實際的應用例子，你就能很快掌握 ADDIE 的竅門。

就用前面提到要準備的那一門課來舉例——也就是「時間管理」，那麼，我們應該怎麼應用 ADDIE 模型來發展這門課程呢？

一、分析（Analysis）

一門課要開始之前，當然要先了解學員是誰？課程目標是什麼？時間有多久？教室在哪？還有很多比如學員人數、教學環境、教室擺設、教學工具等必須考量的因素，但最重要的還是學員、時間、教學目標這三件事。

譬如說，如果學員是高科技業的工程師，教學的目標可能就是如何應用時間管理的技巧或工具，讓他們能工作得更有效率，早一點完成任務。上課時間譬如說半天三小時，這時要考量的可能就是除了講述之外，還必須有哪些實作或討論，讓大家可以在實務上結合時間管理的工具及方法。

「分析」這個階段很重要，最常見的問題是搞錯課程目標，設計得太大或太模糊，或是無法貼近學員的需求！

更詳盡的解說，請見 2-3。

二、設計（Design）

我是個不大喜歡 Paper work 的人，因此不會想寫一大堆文件；因此，在這個階段我就會請出我的萬用工具，也就是「便利貼」！和簡報的做法一樣，我會在這個階段便開始用便利貼發想，逐步設計課程的內容（詳見《上台的技術》之「便利貼法」）。當然了，要是面對的是全新的課程，我也會在這個階段蒐集大量資料、刺激思考，並彙整出更好的規劃想法。

單以「時間管理」這個主題來說，像是時間管理矩陣、蕃茄鐘工作法、每日待辦五件事、黃金時間，以及不同的時間管理工具如計時器、時間紀錄等，都會在這個階段就全盤整理，寫在便利貼後一一貼起來，再區隔成教學的段落和流程。

三、發展（Development）

這個過程有兩大重點，一個是教學素材──也就是投影片的發展，另一個則是教學方法──也就是教學技術應用。

教學的投影片與簡報的要求不同，教學投影片反而不用花俏，而是但求有效！也就是要不斷思考學習的成效。投影片的三大技巧：大字流、半圖文、全圖像，大概就足以應付教學投影片的需求，千萬別把投影片當成講義，放上密密麻麻的文字，那只會有催眠的效果！

當投影片設計得差不多後，就要思考如何插入教學技術，也就是要想清楚不同的教學方法，比如問答、小組討論、演練、影片、個案……這些技術應該如何與教學結合。像是「時間管理」這門課，也許就可以請大家寫下平常的工作，再一一放入時間管理矩陣之中，或是分組討論「平常有哪些讓你用掉最多時間的『時

間殺手』？」當然，也可以用影片來展示標準的一天……。

四、課程執行（Implementation）

所謂「課程執行」，指的當然就是上課的過程。

如何教好一門課？除了老師對課堂、學生及教學技術的掌握，最核心的關鍵是：「怎麼樣才能讓老師說得越少，學生學得越好？」

譬如，在時間管理的上課現場，學員不僅應該學習時間管理的方法及技巧，更應該把這些技巧應用在自己或工作上的個案，現學現用，甚至找出未來在時間管理上，哪些部分可以變得更好，又有哪些部分需要調整。如果只靠老師一直講述，學生們聽的很多，但是會的很少！如何把教學的過程調整得更好，是老師們應該要能想像的問題之一。

五、課程評估（Evaluation）

記得，評估的重點不在於打分數，而是如何確實反應學生的想法，以及老師對自己教學的自評最終如何反應到未來的課程設計，得以不斷修改成更好的課程。

「課程評估」非常重要，所以接下來我們還會不斷提到，並在第 8 章來個大總結。

一步一腳印，學會ADDIE

本小節的目的，只是希望先讓大家對 ADDIE 的課程規劃五步驟有個概況性的了解，並且用了一個「時間管理」的課程為例，讓大家知道這五步驟是如何應用。

接下來，我們會針對每一個步驟，一步一步再仔細解析。

2-2 你的教學目標可以被評估嗎？

在思考一門課程時，第一步就是要從「分析」課程開始。整個分析的過程有三個核心：對象是誰？教學目標是什麼？教學現場是什麼樣的？這三件事情環環相扣，缺一不可。不先想清楚這三件事，你就分析不出一個好的課程。

一開始，你應該先聚焦在一個核心：「教學目標」，因為這是最多人出現問題的地方。弄清楚教學目標後，其他的兩個環節就不難料理。

所謂「教學目標」，也就是：「你想透過這門課程完成什麼事情？」更進一步說：「學生在上完你這門課後，能夠得到些什麼？」這個觀念不難吧？但是我卻是時常看到，許多課程往往一開始就設錯了教學目標！

無效的教學目標

我們還是拿「時間管理」這個常見的課程來當例子，看看你我可能會設計出哪種正確或錯誤的教學目標。

先看看第一種教學目標，你覺得如何呢？

「透過時間管理課程，提升個人工作效率，讓工作運行能順

利，公司整體更有生產力，讓學員在課程結束後，能過著更好的人生！」

這段話寫得很漂亮吧？卻是「無效」的教學目標！

「無效？每一句話看起來都很有用呀！哪裡無效了？」我知道，你一定急著想這樣問。

別急，請你仔細重讀每一句話後，再看看我認為「無效」的理由：目標都很遠大，也很正確，但卻完全沒辦法在課程結束後立即被評估！

沒錯！「提升工作效率、工作運行順利、更有生產力」，甚至是「更好的人生」，這些都是看似漂亮，但卻無法評估的目標。在一堂課教完後，怎麼才能評估工作效率是否提高？工作有沒有更順利？學員有沒有生產力了呢？而像「更好的人生」「提升組織競爭力」「增進核心能力」……這些聽起來像口號的說法，都是不好的學習目標！

一旦目標無法被評估，最明顯的結果就是：一門課教下來，到底有沒有達到目標也不會有人知道。也就是說，任何人以這個教學目標來教這門課，他都可以說，上完之後已經有幫助大家「提升工作效率」了──反正有無實質提升也沒有任何標準可以評估；教學現場也看不出來，因此誰來教都一樣！

這正是很多課程從一開始就出現的問題：教學目標不明！

行家一出手，就知有沒有

明確又正確的教學目標，也就是符合學員需求，並且在教學現場就能立即加以評估的目標。同樣以「時間管理」這門課程為例，好一點的教學目標應該是這樣子的：

「透過時間管理課程，我們希望讓學員學到三個重點：工作次序安排、時間管理手法、不同工具應用。第一項『工作次序安排』的重點，包含重要緊急矩陣、找出高核心工作及浪費時間的殺手；第二項『時間管理手法』方面，我們會介紹如蕃茄鐘工作法、黃金時間、時間記錄、工作時段效率分析、每日待辦五件事、GTD 等工作法；第三項的『不同工具應用』，則是介紹大家一些數位及類比的時間管理工具，像是時間管理 APP、計時器及 Time Timer、看板管理工具……等。」

看完上面這段話後，你有沒有發現：這門課要教些什麼已經有一個大概的雛形了！

重點是，規劃課程時我們也應該同步思考：如何規劃才能在課程結束時，驗證一下學員是不是有完成我們預期的教學目標？以上述這個「時間管理」的課程為例，我們也許可以規劃一個案例實作，讓學員做一下自己一週行程的分析，找出自己的核心工作及黃金時間；或是用一個 demo case，請大家應用數位工具填入「每日待辦五件事」，或是請學員規劃一下，如何整合今天的學習，應用在未來的工作上。

目標要明確，更要不斷評估

管理大師彼得·杜拉克曾經在《杜拉克談高效能的五個習慣》（*The Effective Executive*）書裡提到，設定好你的目標後，都要在一段時間之後檢視一下，看看你的預期和實際達到的成果有多少距離；這麼做，你才能繼續修正及調整，往更高績效的方向前進。

雖然杜拉克談的核心是經理人如何做好時間目標管理，但我

覺得，在教學目標的設定上也是一樣：要先有一個明確的教學目標，而在教學結束後要能馬上評估，看看你原本的預期與實際達到的成果有多接近（或偏離），並藉此而不斷修正，才有機會朝更好的課程邁進！

2-3 ADDIE之Analysis：課程分析

一門好的課程，都是授課者用心設計出來的：教課之前，老師心裡早就應該想好要教些什麼？怎麼教學？教學目標？運用哪些教學法？這些都要事先規劃及設計，並且預先製作教材；教學的過程，只不過是最後成果的逐步展現。整個系統化教學的設計，其實是從課程的分析開始，然後再一步一步往前推進。

因此，整個過程中最重要的，其實就是「教學目標」，也就是你想要在課程結束後，讓學生學會什麼？帶走什麼？擁有什麼他過去不具備的能力？還記得吧，上一節「你的教學目標可以被評估嗎？」講的就是這件事。

超級課程的精華分析

不久前，我有榮幸再度旁聽超級大課—— MJ 林明樟老師的「超級數字力」——兩天版完整課程。我們就試著用之前 ADDIE 的分析（Analysis）結構，來解析一下課程分析的重點。順便讓大家知道，一個超級課程的考量內容可以有多麼精華。

教學目標

一、學習三大報表：損益表、資產負債表、現金流量表的立體解讀（兩天之內學完！神了吧？）

二、學習公司財務及個人理財的實務應用（有許多案例討論）

三、如何從財務報表的數字，為公司未來的營運做出預測（單單從財報，就可以判斷哪些是好公司、哪些是壞公司？這絕對有職業級的實力！）

上面這三個教學目標，每個都很不簡單！甚至在一般的學校教學中，都要好幾個學年才能教完（還不見得能教會！）。而 MJ 在兩天內就讓學生學會，還能馬上應用！譬如在一堆財報中，讓大家挑出好／壞公司的財報，練到最後，大家只要三分鐘就可以準確做出預測！而第一天晚上的模擬遊戲，更是刺激好玩又有趣！（這個我就不破梗，想深入了解的，請報名「超級數字力」！）

學習動機

經營事業需要財報，投資股票需要財報，個人理財雖然不用財報，但需要有很棒的數字力。想要有錢、更有錢，數字力及財報是每個人都不能逃避、必須有的能力。

學員的問題點，主要是以下三項。

一、財報像天書，90％以上的人看了就想睡，看完的也看不懂。既使有 10％的人看得懂，也不知道如何從中獲取重要資訊。

二、想要快速入門，提升數字力，卻不曉得從何著手。學校或正式教育要花太久的時間，緩不濟急！

三、不曉得如何應用財報及數字力知識，總是盲目投資、盲目經營。花了大錢，卻永遠學不會教訓。

絲絲入扣，環環相連

如果你仔細看了上面的分析，那就不難發現，學員的學習動機和問題點基本上會與教學目標相結合！特別是問題點，更會幾乎完全對應教學目標！像是：大家沒時間又想快速入門，MJ 就設法讓學員在兩天內快速學會；學員看不懂財報也不會應用，MJ 不只讓大家可以立體解讀，而且用真實的案例及財報，馬上應用！有看到這些分析的連結點嗎？

當然，除了課程目標、學習動機、問題點之外，其他像學員程度（公開班與內訓班就不同，而如果是財務人員專班或經營者專班，還會有更嚴峻的挑戰）、教材和教具、教學法設計，還有上課的細節，像是場地、桌位擺設、現場設備、道具……，也都要在分析階段充分考慮。

從學員的需求及問題出發

一個好的課程，從來不是偶然發生的。必須用心與花時間規劃，才會有好的課程產生！而依照 ADDIE 模式，從分析階段開始就應該仔仔細細，從學員的需求及問題出發，然後結合老師的專業，規劃出有實際收穫和可以評估驗證的教學目標，之後再透過其他細節的準備，顧及每一個可能性，然後逐步改善，才能塑造一個非常叫好又叫座的課程。

2-4　ADDIE之Design：課程設計

　　在分析完課程目標、學習動機及問題，以及其他與課程相關的細部條件後，接下來就要進入第二階段：課程設計（Design）。

　　課程設計階段的三大重點為：發想及資料蒐集、流程安排、教學法設計。再一次，我們以先前舉過的「時間管理」課程為例，一個一個來談一下這幾個重點：

一、發想及資料蒐集

　　剛開始發展課程時，我會先自由發想一下：關於這個課程，我腦子裡知道些什麼？當然，如果只是單純的發想，想到的東西很快就會忘記了，因此我會搭配心智圖或是便利貼法，把發想到的 idea 記錄下來。

　　在這個過程中，找一些資料來刺激發想是很重要的手法。資料來源包含網路、投影片和相關書籍。以「時間管理」這個主題為例，只要在 Google 打上「時間管理」，就可以看到一大堆網路資料，包含時間管理的五大訣竅、六大觀念、十個魔法……，甚至從定義、推薦書籍、重要緊急矩陣、GTD 的概念……等，都可以在前五十項搜尋中看到。

另外，別人做過的投影片也是非常好的參考資料。你只要在搜尋時加上「filetype:ppt」，例如在 Google 打入「時間管理 filetype:ppt」，就會看到很多之前別人做好的投影片，幾乎都是別人的演講或課程；這些投影片，也是另一個重要的參考來源。

書籍則是更系統化也更完整的參考資料，任何一本書，都是經過作者精心整理，並融合自己的觀點才有的產出。從書上可以看到比網路或別人的投影片更深入且更完整的看法；但請記得，同一個主題要多看幾本書。以「時間管理」為例，只要進網路書店打上 keyword，就可以看到《搞定！》（Getting Things Done，中文複刻版有收錄我寫的推薦序）、《時間管理：先吃掉那隻青蛙》（Eat That Frog!），還有管理大師彼得・杜拉克寫的《杜拉克談高效能的五個習慣》，以及很多很多其他的書。記得多看幾本，才會有更具綜合性與更完整的觀點。當然，這個時候，快速閱讀的能力就變得非常重要了。

請記得，這並不是要你東抄西抄，而是希望透過別人的資料刺激思考，讓你不必從零開始，而是可以在別人已有的基礎上，建構一個更高的大樓。所以建議你不要 copy 資料或投影片，而是把這些想法轉記錄在心智圖或便利貼上；這樣做，你借用的 idea 就真的只是 idea，未來還可以與你自己的想法進一步整合。

二、流程安排

等到發想和資料蒐集做得差不多後，接下來就可以開始安排上課流程了。

以「時間管理」為例，流程可能會區隔成「基礎觀念」「方法」「工具」「實務練習」等。要特別小心的就是：不要談太多基本

觀念和理論，職業講師都是直球對決、直接切入重點！寧可一開始就提供一個時間管理的錯誤個案，請台下討論個案主角犯了哪些毛病，而不要一開始只會談「時間管理為什麼很重要？」「時間管理有哪些理論？」……等一聽就讓人想睡覺的東西，白白浪費課程一開始時學員寶貴的注意力。

當然，從這個階段開始，考驗的就是講師個人的功力了。你是不是真的熟悉這門課程的內容？有沒有足夠的經驗來教這門課？或只是比別人多看了幾本書，就想來教這門課？在這個階段就會無所遁形！

我常說「有靈魂的課程」，指的就是這件事！因為如果你分享的知識或教學內容在網路或書上都查得到，那你最多也只是一個「知識分享者」。要成為一個能為學生帶來洞見、帶來啟發的老師，真的需要很多知識的通達和累積啊！

過去我真的看過有人在某講師身邊當助理，不到一年後，就認為自己也可以開課講授那門專業課程。很大的問題是：這位夥伴除了當講師助理外，沒有其他的工作經驗，這在企業訓練現場，很快會被看破啊！

三、教學法規劃

從這個階段起，高手與一般老師的差別就會非常明顯地呈現出來。你當然可以全程講述，如果時間不長，或是你真的熱情如我的夥伴憲哥，那麼，單純講述還是可以抓住台下的注意力。可是，如果課程時間較長，或是你在意學習成效時，教學設計的重點就不只是教學內容及流程，更要把教學法安插進去。

以「時間管理」這個主題來說，你可以先讓大家發想「平常

工作時都做哪些事？」然後寫在便利貼上，再請大家利用時間管理矩陣，區隔成重要、不重要和緊急、不緊急這四大矩陣，就可以透過實作，準確區隔出事情的輕重緩急；或是透過個案討論，發現個案主角有哪些時間管理的問題及不良習慣，之後幫他規劃一個完美的一天；也可以請學員在上課前做好課前作業，進行為時一至二週的時間運用記錄，到時拿到課堂上討論。這些不同的教學法都可以活化學習內容，並且讓學生更能吸收知識、實際運用。

也許有人會說：「課程裡面安插太多教學法，會拖慢學習的進度吧？」讓我們換個方式想：你是想「把課教完」、還是「把學生教會」？只想把課教完的話，只要唸完講稿（講述）就好；要是真想把學生教會，那麼，從你的知識變成他的知識，學生的注意力、吸收能力和實際練習缺一不可，有很長的一段路要走啊！（請參考第9章的認知及建構學習理論。）

好老師不怕花時間

在課程設計的過程中，大量蒐集資料及發想是非常重要的關鍵。

我經常在開車、走路及洗澡時，不斷在腦中思考，模擬課程運作的樣子。我會想得蠻細的，包括：我該怎麼說？用哪些教學法？學員可能會有什麼反應？我又該怎麼見招拆招？這一切的流程細節，都會在我的腦中反覆考慮，想得差不多清楚明白之後，我才會開始製作投影片及教材教具，也就是下一個階段：課程發展（Development）。

不曉得大家會不會有個疑問：這樣子發展一門課，也太花時

間了吧？我的答案是：Yes！發展一門好課程，本來就需要時間的累積！我也絕不建議不斷開發新課程，因為這樣不只沒有時間累積，更沒有經驗累積。頂尖的講師絕對不是什麼都會，而是專精一兩門課程，教到最好！不斷累積經驗，持續修正，經過時間的淬鍊，才會更有甜美的結果啊！

2-5　ADDIE 之 Development：投影片發展

在 ADDIE 的系統化課程發展流程中，我們先是分析課程需求（Analysis）、接下來是設計課程內容（Design），第三階段是發展（Development），也就是發展教材教具，一般都集中在投影片的發展，少部分可能會額外再製作教材教具。這一節要談的，就是大家最關心的投影片。

教學用的投影片與簡報投影片的要求不大一樣，重點不在於美不美觀，而是投影片是否能輔助教學的進行。

市面上談投影片設計的書很多，這裡就不再一一細講。之前我在《上台的技術》這本書中，也介紹了精彩投影片的三大手法，也就是大字流、半圖半文字、全圖像，光用這三個手法就足以做好大部分的教學投影片。但更有意思的問題是：投影片如何與教學結合。過去聚焦在這個主題的討論並不多，以下我們一邊說明，一邊舉個專業類課程「QC 七大手法」（Seven Basic Tools of Quality，品管七大手法）為實例，來說明投影片如何與不同的教學技術有更好的整合。

一、整合教學技術，善用三大投影片

一如前述，精彩投影片的三大手法就是大字流、半圖半文字、全圖像。利用這三個手法，再結合教學法的操作，就能做出很有教學效果的投影片，譬如：在操作問答法、小組討論法或演練法時，可以把題目直接展示在投影片上。在做品質管理的教學時，老師可以用大字流呈現「QC有哪七大手法？」（問答法）、「小組請討論：如何運用QC七大手法改善生產良率？」（小組討論法）、「請小組依手邊個案資料畫出品管直方圖」（演練法）。類似這樣出題目或重點強調，都可以善用大字流的聚焦特色，做出很好的引導投影片。

而全圖像投影片可以用來呈現證據或出題目，像是談到生產品質不良時，可以直接呈現品質不良的成品照片，讓大家看到品質好對照品質不好有什麼差別；也可以直接呈現作業現場的照片，讓學員們在教室裡也可以看到現場的真實樣貌，對討論的聚焦更有幫助；或是拍一張現場照片，請大家指出這個照片中有哪些不良的作業習慣……；凡此總總，都是用全圖像投影片來當作教學輔助的好手法。記得圖要調亮一點、要大一點，然後要觀察的重點最好是標記起來，台下才能看得更清楚。

另外，半圖半文字的投影片則適合用來歸納整理，或做為演練指示用。例如：講師可以在問答或小組討論結束後，用半圖半文字的方法，左邊放產品生產的照片，右邊解釋生產品質不良可能的原因，把所有的原因作一個歸納；或者是準備請大家演練時，左側放照片，右側放小組討論或演練的題目。半圖半文字由於資料量會比較多，圖片可以用來當證據呈現或軟化投影片，而文字

可以用來突顯重點，是教學投影片常用的手法之一。

二、一頁一重點，講到才出現

投影片不是講義！（雖然確實有很多老師把投影片當成講義用。）所以，千萬不要把一大堆資訊都塞在一張投影片上。記得：一張投影片只呈現一個教學重點，下一個重點就切換到下一張投影片。當你想清楚「投影片不是講義」，而是你的教學輔助，你才不會想在一張投影片上塞滿資訊。你可能會問：「那講義怎麼辦？」講義？就再做一份啊！費工一點的做法是把講義變成文字檔或重新編排，還把重要的關鍵字留白，讓學生可以邊聽邊填空，保持專注，在過程中留心關鍵資訊。

更簡單的做法是：把教學投影片複製一份，然後篩選必要的投影片做為講義！同樣地，關鍵資訊還是可以移除，讓學員來填寫，等於在聽課時手邊還有任務要做。

另外，「講到才出現」也是教學投影片的使用要點。投影片的內容一次全部出現時，學生的注意力其實很難集中，不但都會先看完所有的資訊，而且接下來容易失去專心聽講的動力。另一種極端的情況就是：單張投影片上的資訊過多，學生們看一眼……然後就放棄不想看了，教學效果肯定不佳。所以，解決的方法是：講到什麼地方，相關投影片重點才跟著出現，透過「講到才出現」的方式，控制投影片的重點呈現。

像是半圖半文字的投影片，就是講一段才出現一段（因此，用簡報器來遙控切換是必要的），甚至是全文字型的一整篇條文或規範，也應該逐條呈現，或是講解到時才讓重點條文變色。切記，做這些事的目的並不是為了花俏，而是為了持續掌握學生的

目光與注意力，讓學習更有成效。

三、投影片不是一切，而是教學輔助

在學校教課時，經常會有書商幫老師整理好教學投影片和重點，所以老師只要用這些投影片就可以上台授課。在企業中，我也經常會看到把作業文件直接轉化成投影片，整張投影片塞滿密密麻麻的文字，而講師到了現場，只是一條接一條地唸出投影片的資料，翻到下一頁後……再繼續唸。好一點的講師也許會先消化一下內容，但基本還是以投影片為主、講述為輔。

如果學生來到教室只是要聽老師唸一遍投影片內容，那為什麼不把投影片發給大家，讓大家自己回去看就好？

老師的價值，一定能比單向的講述或讀投影片還更大。我們如何設計課程？如何引導學習？如何創造一個更好的教學環境？投影片，也不過就是教學環境的輔助工具罷了！在教學發展階段，講師們一定要仔細想好：怎麼樣利用投影片幫教學加分？如果現有的投影片就是與你的教學風格無法搭配，你一定要果斷一點，想一想怎麼利用前面提到的三大投影片手法，搭配後面章節介紹的教學法，改變現有的投影片，才能讓投影片真正為你所用，成為教學時的最佳輔助。這才是投影片真正的功能，讓你的教學發揮更大的效用！

讓投影片真正為你所用

相較於「上台的技術」及「專業簡報力」，我認為教學投影片其實要求沒那麼高；因為教學的時間通常比較長，需要的視覺衝擊並沒有簡報那麼大。如果是把簡報的方法直接套用於教學，

反而資訊負載可能會過大，或是節奏太快，一段時間後學生仍然會失焦。因此要仔細思考教學投影片的目標，用投影片來輔助講師的教學傳達。

記得：使用三大投影片、應用「講到才出現」，在教學前先消化投影片，讓它為你所用，而不是反而被投影片控制了。當你應用這幾個簡單的手法改變教學投影片後，未來你也會驚訝地發現，你的教學現場果然逐漸改變了！

應用心得分享

不限領域，教什麼都能應用的技術

新竹雲飛語言文化中心創辦人，西班牙語、華語教師培訓講師　游皓雲

如果沒有遇到福哥，我手上的幾門重點課程，可能都還是前幾年那種架構散亂、還自以為很有水準的版本。

我的主業是語言教學，教學領域包括新手語言教師訓練、對外華語（針對外國人的中文課），以及西班牙語（針對台灣人的西班牙語課）。

語言教學與福哥在訓練的企業講師看似有點遠，聽說也是因為教學領域差異大，第一次報名「憲福講私塾」時，差點被排除在外。其實從我的經驗看來，福哥所傳授的教學的技術，根本不限任何領域，教什麼都可以應用。

經過兩次「講私塾」魔鬼訓練，有幸擔任一次「教學的技術」課程助教，我把自己的幾門課程完全打掉重練。教學上改變最多的，包括以下三點：

一、架構設計

我有一門專門訓練新手語言教師，從零基礎開始教外語的課程，在上了福哥的課之後，我把原本課程內容刪減一大半，增加互動和演練，表面上內容少了，但學員的學習效果和課後評價都大為提升。

怎麼會這樣？因為以前常常是一股腦把想教的、必須教的塞、塞、塞，以為把時間塞滿，學員就會覺得有賺到。其實，缺少架構的課程，就像一堆亂搭亂湊的食材，只是讓人無法消化而已。

從福哥的課程中，我有很多機會觀察到：他如何安排每一個環節？為什麼要先教 A 再教 B ？為什麼教完某概念，馬上要做這樣的演練？演練前又該做足哪些準備，才能讓演練有意義又順暢？這裡面全部都是學問。

以前我只要接到六小時以上長時數的課，就會覺得備課難度好高，好像塞一堆內容都塞不滿。有了架構的概念之後，就算連三天教六小時，我也有能力很篤定地去設計課程。

二、現場檢驗

有一次我在一堂新手老師訓練的課程中，讓學員上台試教，學員教完後，我上台給予回饋，並且馬上示範了一個改良版本給他看。

台下老師們都問我：「為什麼你可以馬上想到新版本？我們練了半天都想不到！」其實，這都是跟福哥學的。

福哥常常強調，每一堂課程教完，都一定要「現場」檢驗學員的學習成果。請注意，所謂的「現場」，是指學員走出教室之前。不是給作業讓學員帶回家做，下次再來驗收，也不是隔週再考個試，而是「當天課程結束之前」。

講師常常以為反正教了，學員就應該要會，其實只要現場讓學員上台成果發表一下，就知道學員只要能從 20% 進步到 60%，就已經很不錯了。如果沒有現場練，回家後頂多是從 20% 到 21%。

現場讓學員上台發表，還考驗著講師現場給予回饋的功力。我觀察過福哥每次給予學員回饋的過程，他如何看穿某個教學步驟的破綻，並且立即給予優化的教學版本，讓我更懂得如何在自己的課

程中,給予學員有效回饋。

三、講述比例

　　福哥有一句話,是整個教學精神的核心:「老師講得越少,學生學得越好。」

　　之前我教外語時,都會很有意識地想辦法讓學員開口,因為學外語本來就是要邊學邊練習,這很自然。但是到了教師訓練課程,我就自動轉換模式,自顧自地講個不停,反正我也算懂得跟學員互動,偶爾拋出幾個問題讓學員討論,氣氛蠻熱鬧的,就自以為還可以。

　　直到「講師講得越少,學員學得越好」,這句話完全打醒了我,現在我準備教學投影片時,總會自問:「這邊一定要我自己講,學員才能學會嗎?有沒有別的方法?」光是多這樣一個思考步驟,就可以讓課程設計大大改觀。把舞台讓給學員,把學員教得比自己更強,才是我們身為講師要追求的教學成就。

　　《上台的技術》是我教學職涯改變的起點,希望《教學的技術》也能為您的教學帶來一番新的風貌。

應用心得分享

改變思維,改變做法,改變行動!

E-Ad 數位行銷總監　蔡峻哲（Adan）

　　台灣學生普遍有消極不投入課程的情況,但你能想像,受到「教學的技術」所影響的課堂中,老師尚未詢問誰要上台發表,底下的學員,就帶著海報紙衝上講台包圍、搶麥克風的情況嗎?這不是魔法,也不是因為上台的獎品是最新的手機!

　　我是一位數位公司的行銷總監,因為工作上的需求,常要在北

中南三地舉辦關於社群與網路行銷的課程與講座，之前也曾經在語文中心與空服員培訓中心擔任講師，累積起來也已有十二年的教學經驗。

　　每年學員參加課程的人數超過兩千人次，在原本的教學領域中，我只要打開麥克風，就能夠滔滔不絕地講完七小時的課程，對自己的教學能力，也有一定程度的信心與把握。

　　也因為如此，我開始思考一個問題：「難道教學只有這個樣子嗎？把準備好的課程內容講完，就算是教完了嗎？」

　　我開始對於教學技術有更上一層的要求與需求，也很好奇有沒有更有效的教學方式，所以看了相關書籍，也嘗試在課程中做一些調整與改變。

　　但是事情沒有想像中容易，台下的學員依舊不為所動，正當我覺得迷惘、找不到解決的方法時，一次的巧合機會，我在網路上看到「憲福講私塾」這個課程，也開啟我和福哥在講師路上的緣分。

　　這門課給我的講師路帶來極大的改變，它是將我教學的經歷歸零、重新開始的重要里程碑。

在教學思維想法上的改變

　　原本教學設計的習慣，我會把我覺得重要、學生該要學會的知識和技能放在投影片上，每個知識最核心的內容，就是理論的部分，也因此一開始講社群行銷的理論時，也讓台下學員昏昏欲睡，彷彿開啟了失眠之人的治療過程……

　　雖然是玩笑話，但也是不少老師心中的痛處，理論固然重要，但會來報名課程的學員，通常都是帶著問題來上課的，他們想要解決自己工作上碰到的「疑難雜症」。

　　經過福哥教學的洗禮之後，現在每一次的課程製作之前，我就開始仔細思考，「學員為什麼會來聽這門課呢？他們想要解決的問題是什麼？我有沒有方法在解決他們的問題之餘，又能夠引起學員更多的學習動機？能不能讓他們在有限的時間內，有更多的學習呢？」

　　「一個好的課程，在課程分析與設計時，就已決定了大部分的

評價！」

這種教學思維想法上的改變，不只對課程成效有相當大的助益，甚至在向邀課單位提案，或是招生文案上，也能夠獲得很好的效果。

在教學手法技術上的改變

「教學的技術」對我在教學手法上的影響，就是從站在台上不斷地對著台下講述，這種單向的教學方式，轉變為講師與學員有來有往的雙向互動式教學。

由於我與學員大都是第一次見面，開場十分鐘若沒有表現好，很可能就會有學員裝忙講電話，一邊步出教室，再也不回來！

所以一開始破冰就要讓學員卸下心防、取得信任，讓他們了解為什麼來學習，並預告可以帶走哪些知識與技能，最重要的就是敞開心胸學習，激發出想要變更好的學習野心。

接下來課程主要的內容，會用簡單問答和各種互動的方式進行，慢慢透過小組的討論和發表，讓學員有機會在課中實際操作。

舉個例子：如果單講述在臉書發文的四大要素，大家可能聽得頭頭是道，但回家之後殘留在腦中的記憶逐漸化為零。

透過實作與演練，我先將四大要素講解一遍，接下來我示範一到兩個案例，然後再請台下的學員，根據小組共同推出的一個主題，提出他們的貼文，發表之後，再給予回饋，讓大家共同評分、選出最好的做法。

這樣的競賽方式，讓學員在課中有機會操作一遍，加上講師提供改善的建議，更加激發了學員的學習動機與意願！

我認為，除了看到學員提升學習熱忱，學習的本質要能夠：「改變思維，改變做法，改變行動！」

「教學的技術」是我人生學習過程中最重要的里程碑，相信它能夠幫助更多人，帶來更廣大的改變！

應用心得分享

語言老師的修練

師大國語中心華語老師　陳慧澐（Irene）

面對連中文都說不流利、話也聽不太懂的外籍學生，教學的技術要怎麼運用在語言課裡？

幾個月前，我接到一個特別的班。簡單地說，就是給外籍學生的通識課；無論學生的中文程度好不好，只要他想，就可以到這個班來上課。

也就是說，我得面對一群來自全世界幾十個國家，可能連「你好嗎？」都聽不懂說不好，也可能是中文說得嚇嚇叫的外國學生；把他們放在一起，上兩個小時的課。

更可怕的是，他們可能連自己為什麼要來上這堂課，都不知道。

重新設定教學目標

經過一開始的幾次挫敗後，我上了福哥「教學的技術」。課後我重新檢視自己的課程設計，發現自己在教學目標的設定上就已經出了問題。

做為老師，誰不希望學生學得又多又好？但相較於學好學滿的語言課，通識課的主要目的在於引發興趣、加深印象，以便學生在日後有機會時做出行動或反應。

調整了教學目標之後，接下來，我在上課時運用了差異化分組、大量的影片、圖片與聲音材料，做為拉近學生程度的策略。而在小組討論時，除了更明白寫出討論問題以外，我也運用了選擇、配對等問題形式，藉以讓不同程度的學生都能更清楚地知道現階段要完成的任務。

通過先讓學生觀察、感受，再進行有目的的討論、合力完成任務的設計，最後達到課堂中此起彼落的舉手發言、分享看法。運用教學的技術，不但達成了我原本設定的教學目標，更在無形間促進了學生以中文互相交流的動機。

從確立本心開始

　　我一直覺得，語言課是最能快速檢驗老師教學成效的課堂；老師教得好，學生就說得出話；老師講太多，學生就支支吾吾。在有限的課堂時間裡，如何在傳遞語言知識及應用語言能力之間拿捏得宜，始終是語言老師的修煉。

　　而教學的技術之強大，不在於使用的技巧有多高明，而在於老師有沒有心運用。數位時代裡，所有的知識一鍵可得；唯一不會被機器取代的，是人與人之間的交流。

　　老師在課堂裡看見的是課本還是學生？老師對課堂的期待是趕快下課還是讓學生帶走有用的能力？一旦確立了本心，熟練教學的技術也就指日可待了。

Part 3
課中執行

3

掌握開場技巧，讓課程更順暢

3-1　上課該不該準時？

當起職業講師的這十年來，教的時間夠久，遇到的問題也夠多。我真的認為：教學過程裡的一切技巧，都是可以事先安排、刻意練習的。當然，我也同意教學可以仰賴一些天賦，但是好的教學更講究技術。這裡想先考驗一下大家一兩個在開場時很常見的問題，看看你會怎麼因應，藉此思考一些更好的可能性。

第一個問題就是，上課該不該準時？

預定 09：00 開始的課程，準備開始時學生卻來不到三成。這時要準時開始嗎？

就「準時開始」而言，你有兩個考量的角度——從老師而言與從教學而言。

老師的角度

教學要準時開始，代表在開課前二十分鐘老師就要抵達現場。提早到達現場，是職業講師的必要條件，因為有時場地或設備不見得設置完善，需要提早抵達現場，才有機會調整得更好。除了投影機與電腦的連接有時還要一些設定時間，其他像講義、教具、現場的一些條件，甚至提早與 HR 溝通當天的上課要求，再再都

需要老師提早到現場。

09：00 開始的課，表示 09：00 就要能夠開始上課，而不是 09：00 進入教室。這是從老師角度來看的「準時」開始。

回顧過去當講師的十年近千場課程，我遲到的次數是：一場！那天在新竹教課，我準時搭上高鐵，沒想到眼見快到新竹站時，高鐵竟然沒有減速停站！原來我坐上的是往台北的直達車，新竹是不停的（慘！）。到板橋後，南下的高鐵在我眼前開走，下一班要等半小時（更慘！），因此而遲到了半小時。然後最慘的是：這是我跟台積電第一次的合作！還好最後我用精彩與破紀錄的滿意度，讓台積電與我開啟了一段長期的合作；但是，現在想起來還是非常驚險啊！

一千場遲到一場，這個比率雖不夠好（最好是絕不遲到），但還可以接受。

但這並不表示，教學的時候一定要準時開始。因為從教學的角度而言，我們期望的目標是「成效」。

教學的角度

你可以想像，如果現場學員才報到了一半，但你還是堅持 09：00 準時開始，然後有些學生在你開始上課後，才一個一個陸續走進教室，那會是什麼樣的場景。

你一邊進行整天課程最重要的開場，學員卻有的已經落座、有的正在找位子、有的還在門外……；你的開場不僅一再被打斷，有時還要暫停下來安排學員的座位。更重要的是：企業內訓課程的開場是建立信任度、甚至說明課程進行方式及規則的重要時間，要是現場有超過一半的學員都沒聽到，可以預期的是：你接下來

的課程,一定充滿艱難挑戰了!

所以,我總是提醒職業講師們,一定要準時(提早)到現場,但不一定要準時開場!

我的建議是:學員到場超過 80％以後才正式開始你的課程。我知道,HR 一定會說:「時間到了,老師,我們就不再等其他人,可以先開始了。」這時,請你溫柔而堅定地跟 HR 說:「因為待會開始會有很重要的說明,我建議人數到達 80％才開始,這樣效果會更好,也不會因為人來人往而打斷課程的進行。」

過去的經驗,大約在十～十五分鐘內,已進教室的人數就會到達 80％。也就是說,開始的時間一般介於 09：10 ～ 09：15。除非極少數的例外(這個後面談),否則大部分的課都只需要稍等一下,學生便大多進入教室了。這個時候才開始上課,效果絕對比準時開始更好!

但是,還是有幾個小秘訣要提醒大家:

Tips 1：請 HR 預告開始時間

要讓教室裡的其他人知道,這個課程預定什麼時候會開始。他們可以利用這個時間,站起來走一走,甚至去倒杯茶,才不會枯坐在那裡。

Tips 2：不要懲罰準時到的人

老師不要碎碎唸,比如「為什麼大家都還沒到」,也不要拿還沒到的人當成議題或開玩笑,因為在現場聽到的人,都是準時到的學員!只要設定一個開始時間,一上台就跟每次開場一樣,不要談起遲到這個議題。

Tips 3：在大家還沒到的時候,老師要站在什麼地方?

是講台?是教室後面?是門口?還是外面?這就留給大家思

考一下，後面的章節我會告訴大家我的看法。

　　前面有提到，80％以上的學員都會在十～十五分鐘進入教室，那……有沒有例外呢？當然凡事必有例外，我遇過颱風天，預定10：00開始的課，10：35才總算開始正式上課不說，還只到場50％。重點是：開始教課半小時後，就聽到廣播說下午停班停課。這個是很少數的例外，但總還是可能發生在你我身上。

3-2　調整環境，立於不敗之地

　　每次進入一個新教室時，我總是會先觀察一下整個教室的教學環境，然後依照我的教學習慣調整一下；這個做法，會讓一整天的課程運作得更順暢。以下就是我在進入一個新教室時，會動手調整的一些小細節。

教學桌往旁邊移

　　一般的企業訓練教室，都會在前方放置一個教學桌，方便老師放電腦或一些設備用，教學桌邊也都會放好椅子，方便老師累了休息或打電腦用。問題是，許多企業內訓教學都是以「投影機＋投影幕」做為教學的輔助，教學桌的位置卻又都太中間、太前面了，有時不僅擋到學員看投影片的視線，還會擋到老師在講台端移動時的動線，原本用來輔助的教學桌，變成了教學時的一個干擾！

　　所以我經常把教學桌往旁邊或角落推，反正只是用來接電腦，大家看的是投影幕，不是直接看電腦。而切換投影片也是用簡報器來切，正常的狀況不大需要直接操作電腦。所以把教學桌推到旁邊，是我第一個會做的調整──當然，如果是固定型的（例如

多媒體教學桌），那就沒辦法移動了。

把分組桌型往後移

企業內訓的特點之一，就是老師每天都得去不同的主場教學──大部分的訓練教室都在企業內部，只有少數會利用飯店或專業教室。企業講師到達現場時，桌子也經常都已排好了（按照課前討論時的方式排好）。可是從實務經驗發現：大部分的前排桌子都與投影幕靠得太近，這樣不僅學員在看投影幕的時候有壓迫感，老師也會被學員與投影幕夾在中間，沒有空間可以走動，甚至很難操作其他的互動或演練。

因此，一旦我發現了這個問題，就會馬上請 HR 協助，一起把靠前面太近的桌子往後移一點（譬如一到二公尺），這樣可以在台前拉開一些空間，整天的教學也會更順當！

冷氣調冷

訓練教室的溫度，應該維持在有點涼、甚至讓有些人會覺得有點冷的狀態。原因是，涼爽的溫度比較能提振學習精神。

如果現場有點悶甚至熱，那麼學生容易昏昏欲睡，很快就開始打哈欠、甚至打瞌睡了！

特別是下午的時間，一定要記得讓溫度維持涼爽。不然你就會發現：老師教得很辛苦，學生也會撐得很辛苦！

時鐘調準

必須承認，這是我個人的習慣！因為身為職業選手，我認為準時開始與準時結束是對學生的一種承諾。我不敢說我每次都能

夠準時，但是心裡對時間一定非常重視，包括每堂課的上課與下課時間，也絕對都是精準到以分鐘計算。

而準時的前提就是：時鐘要準！這個可不是廢話，而是蠻多教室裡的時鐘，很少有人去調整它——明明已經慢了五分鐘，但反正不是工作現場，基本上沒有人會去管。遇到這種情況，你就會看到我站上椅子，把時鐘拿下來，對著手機上的時間校準一下，然後再放回去。校準之後，教學時我就有一個正確的時間參考，也才能精準地抓好時間。

你可能會問：「可以用手錶啊？」沒錯，但上課時動不動就看手上的錶總是不大好（感覺老師很想下課）。如果現場沒有時鐘，我還會從包包裡拿出自備小時鐘來用（好啦，你說得對，是我太機車）。

善戰者，立於不敗之地

除了移開教學桌、把分組桌型往後挪、調低空調溫度以及校準時間外，像是把水杯從電腦邊移開（這個很可怕，不小心打翻就毀了）、測試 Mic 及音效播放（現場的音源線有時會有問題，所以我會自備一個小型擴音喇叭）、測一下投影機（如果不正常……也沒救了，但最少你會有心理準備）、然後擺好教具、檢查一下小組討論、演練及上課待會要用的東西。最後，還要記得把筆電電源插上去（我經常忘記，然後上到一半電腦提示快沒電了）。這些小細節，都是讓上課更順暢、更精彩的注意要點。

《孫子兵法》說：「善戰者，立於不敗之地。」好的教學者，也要記得先把環境調整好，先立於不敗之地，教學效果才會更好啊！

3-3 為什麼不應該上課前就強制分組？

在企業內訓現場，每當我走進訓練教室時，除了 HR 的招呼及笑容外，有八成的機會我會看到一張分組表——訓練單位刻意把參與的學員打散分組。

這是因為，大部分的企業內訓都是跨部門參與，每個部門組成的人數不一樣，HR 總是希望不同部門有相互交流的機會，也不希望熟人在上課時還聚在同一個小組，這樣不僅又變成一個小圈圈，太熟的學員一起上課可能忍不住就聊開了，會對課程的操作有不良的影響。因此有經驗的 HR 都會非常貼心，把人員隨機打散，在簽到表上就指定每個人的座位，或請大家按照桌牌上的組別就座。

別讓學員一進教室就不開心

每次看到這種情形時，我總是拿起簽到表就塗掉組別！然後看著 HR 驚訝的表情說：「今天先不強制分組，請大家自由入座。」如果名牌上已經有組別表，我也會要大家當作沒有。要是到進教室時已經有人報到了，我也會請他／她選擇自己喜歡的座位，學員通常也會有點驚訝：「真的嗎？可以自己挑位置嗎？」我會刻

意強調「我是今天的老師，我說了算」。然後學員就會找一個好位置（一般都是比較後面的隱密區，我懂！），開心地坐下。

HR 總會急急忙忙跟我說：「可是老師……我們希望大家不要自己人聚在一起，所以才隨機打散啦……。」我則會笑著說：「我知道您的目的，也會讓您達到預期，只是用的方法不一樣！」

先講一下強制分組的缺點：

學員還沒上課就不開心：我總是強調，在老師或訓練承辦人員看來，學習是一種福利；但是對學員來講，學習有可能是一種壓力，是一種不得不來的情況。已經是不得不來了，還一進到教室就看到強制分組表，被安排坐在最前面的人也許會想：「今天真倒楣，被分到這麼爛的位置。」座位在最後面的，卻也不見得開心：「怎麼這麼後面，我會看不清楚小字啊！」不管怎麼細心安排，都不可能皆大歡喜——因為那不是自己選的，所以，從一開始就不開心了！

每個人的報到時間不同：大家進來教室的時間不一定相同，有時會造成某一個小組坐的人多，而另外一個小組人很少。這時尷尬的是：如果有一組只有一個人報到，孤單地坐著在那裡……超沉悶的！如果課程這時準備開始了，各組人數大不同，也可能必須再次調整。

交流效果不一定能達成：訓練承辦人員的想法，是讓不同部門的人認識一下，彼此交流。但真實的狀況是——就因為互不相識，大部分不會有什麼真正的交流。你會發現，多數人都靜靜地翻著講義，或是盯著最熟識的——手機！其實，課程才剛開始時，學員之間本來就不大會交流。

刻意的隨意

因此，我總是請大家自由入座，而且刻意強調請大家「選擇自己喜歡的座位」，只要規定一個小組的上限人數就好（椅子和座位可以控制）。這時你會發現，大部分的學員都會盡量往後坐（比較安全），想辦法坐在最熟的人旁邊（比較熟悉）。老師可以利用這個時間放點輕鬆的音樂，然後不要管大家怎麼坐，也不要強制是否往前坐，總之一開始就是「無為而治」。

你會發現，這一來現場的氣氛會變得比較輕鬆，大家自在地聊天閒談，交換一下「為什麼你也來了？」（只有HR會有點著急，「怎麼大家都往後坐」，我總是帶著笑容安撫HR，「不要緊張，我會處理的。」）

有些警覺性比較高的學員，這時會試探性地問我：「老師，不會等一下就要讓我們換座位吧？」我仍然帶著笑容回應：「您說呢？」

然後，9：00課程一開始，十分鐘之內，透過老師點數字隨機分組的方式，大家就會離最熟的朋友（剛才坐在一起的，一定會被分為不同組）最遠了！

至於如何順利分組？為什麼要這麼做？後面談到的開場技巧會有詳細的說明與討論。

3-4 開場技巧一：自我介紹

　　一天七小時的課程即將展開，上午九點整你踏上講台，然後呢？你會怎麼開場？以下有三個選項：

　　一、直接開始，例如：「大家好，今天教的是講師技巧培訓，因為時間非常緊湊，我們先來看一下第一段：成人學習理論⋯⋯」

　　二、先拉關係，展現親和力，然後才開始，例如：「大家好，我是今天的老師 Jeff。這門課我在貴公司已經開了三年，跟重要主管和總經理都很熟，許多同仁都上過我這門課⋯⋯。今天課程的重點是：如何成為好講師⋯⋯」

　　三、自我介紹與課程簡介，例如：「大家好，我是 Jeff。我是一位職業講師，講課是我的工作，當講師超過十年的時間。除了貴公司，之前我曾經在 A、B、C 公司都教過課。今天的課程包含以下四個重點⋯⋯」

　　不知道你會選哪一個？哪一個又是你經常這麼做的？

　　好的開場，對企業內訓極為重要，不只是因為「好的開始是成功的一半」，而是職業講師與企業訓練課程的特殊性。

學員心中的三個問題

　　大部分的企業內訓課程都只有一天，也就是說，講師沒有多少跟學員建立關係的時間，必須很快就抓住學員的注意力（想想看，開始上課前，很多學員還在處理公事、回 email，或吞下最後一口早餐）。而且接下來，不管學員是自願還是被指派來的、有沒有上課的動機，講師還得要求學員積極投入與配合。

　　有時候，台下盡是滑著手機、看著電腦的低頭族，甚至有學員很抗拒地雙手抱胸，坐在那裡對台上的老師看都不看一眼。在這種情況下，台上的你要如何破冰？怎麼快速建立信任，並與學員產生連結、順利啟動課程？別忘了，你只有十到二十分鐘的時間可以做這件事，因此要極有效率又不露痕跡。

　　在學習開場的技巧之前，身為講師的你不妨先站在學員的立場想像一下：當企業內訓課程開始之前，學員的心裡會想什麼呢？想想看：這應該是學員們第一次看到這位講師，也可能是第一次上這門課（一般來說，企業不會重複排訓）。如果你是學員，心中想的可能是：

　　「這個講師是誰啊？」

　　「今天的課要教些什麼？」

　　「學這些東西對我有用嗎？」

　　當這些問題沒有解決時，學員在一開始時會表現得比較冰冷，現場也會沉悶而缺少動力。如果老師什麼都不做，只是自顧自地開始上課，那麼就會忽略掉這段寶貴的開場時間！開場時的每個細節動作，是職業高手與一般老師第一個重大的差別！如何在一開始就與學員建立信任、調整溫度，並為接下來的上課做好準備，

對整個教學效果會有很大的影響,絕對值得有意改善教學的你好好學習!相信我,接下來的技術非常的珍貴,是所謂「職業級的Know-How」!

職業講師在開場時,通常會完成以下五件事:

- 自我介紹:建立信任,說明 Why me ——為什麼這門課是由我來上?
- 簡單破冰:互動,舉手,故事。
- 課程簡介:課程架構,時間安排,預期效益。
- 團隊動力:小組編組,團隊建立,挑選組長,遊戲規則。
- 要求承諾:課程規範,請學員承諾配合。

開場技巧一:自我介紹

學員第一次看到講師時,心裡都難免會想:「這個講師是誰啊?」「為什麼是由他來教?」「他真的有料嗎?」因此,一個簡單並能快速建立信任感的自我介紹,就是重要關鍵。一個最佳的自我介紹,並不是說明「我是誰」(這對學員而言不重要),而是要說明「我做過什麼」。

先來舉一個自我介紹的「錯誤」範例,就像這樣:

「我是憲福育創的共同創辦人,是一個講師,家住台中,有十年以上的教學經驗,學歷是 EMBA 與資管博士班。」

上述這些「我是誰」的介紹,學員其實並不在乎,大家也不會因此而集中注意力或抬起頭。如果調整一下,以「我做過什麼」的形式開場,也許效果就會好一點:

「大家好,在開始上課前,我想請大家看一張照片:照片上是一群大學教授,他們平常的工作就是教學。大家有注意到我站

在台前，向他們分享教學及上台的技巧嗎？而下一張照片是在醫院，我正在指導著台上的醫師們。沒錯！教專業的人怎麼把課教好，就是我的核心工作！我曾協助上市公司的主管，指導他們學習教學的技術，讓他們可以帶好新人，做好教育訓練，也曾協助學校的教授跟醫院的醫師，幫助他們完成效果更好的課程。我是福哥，今天會是您的教學教練，將跟大家相處一整天⋯⋯」

有注意到在上面這段案例中，我是如何與台下的學員建立信任、產生連結的嗎？

一個簡短有力、吸引人的自我介紹，可說是職業講師的基本配備。

我的合夥人、憲福育創共同創辦人憲哥，就有一段極為精彩、行雲流水般的自我介紹，在課程一開始就讓學生感到驚喜有趣，印象深刻。而在另外一位 TEDx 講者火星爺爺（許榮宏）的課堂上，我看到他問了台下幾個問題，高明地運用了舉手法，在自身經歷與學員之間建立起連結，非常有創意，效果也很好。

當然，在我看過的知名講師裡，也有人反其道而行，例如像國內最知名的財務講師──「超級數字力」課程創辦人林明樟（MJ 老師），他一開始的自我介紹就只有短短二十秒，也未多加著墨自己的經歷。由於公開班的學員都已認識他，即使還不認識也沒關係，因為他刻意保留了些許時間，要給學員一場大震撼，開場不久後，學員馬上就會知道 MJ 老師的能耐了。

自我介紹3.0

自我介紹還有一個重要目的，就是交待「Why me？──為什麼是由我來教這門課程？學員可以從接下來的課程中學到什麼？」

這不是要講師自我膨脹或是歌功頌德，而是要建立可信度，以獲得學員的信任。

許多研究提到了信任與學習配合之間的關係，例如班杜拉（Albert Bandura）的社會學習論、席爾迪尼（Robert Cialdini）的《影響力》（*Influence*）、史考特・亞當斯（Scott Adams）研究「川普說服學」的《超越邏輯的情緒說服》（*Win Bigly*），都對這個主題有深入的探討。

但是「Why me」絕不等於拉關係！前面曾提到的開場選項二——與現場拉關係，像是表示自己跟該公司很熟、之前多次來上課、認識高階主管等，在我親身多次實驗後，結果證明「沒有用」！學員的反應冷淡，並不會因此就樂意配合。

有時我反而刻意不明說，或只用兩三句話帶過，例如「這個課程已經在貴公司開了八年，每次都得到很高的評價，各位今天可以親自體驗……」，但不會把它當成開場的重點。

總而言之，聽起來很簡單的自我介紹開場，一定要琢磨許多次，才會找到適合自己的最佳呈現方式。

回顧我的自我介紹，最早的版本採用履歷表的形式，搭配幾張教學授課的照片（現在看起來真是錯誤示範）；後來，我開始加入網路可搜尋到關於我的資料，以及報章媒體的報導（「你做過什麼」）；持續又調整、修改了幾年，才發展出現在的方式，運用財經雜誌上的小故事，在三十秒內讓學員產生信任，並發出「哇！」的驚呼聲。

這真的是一個不斷磨練與修正的過程。

3-5　開場技巧二與三：簡單破冰與課程簡介

　　不要以為在你漂亮的自我介紹之後，台下就自動聚精會神了。（當然不做更糟！）正常的狀況是：大家會抬起頭，也許看了一下講師，但是表情還是很冰冷。因此在講師自我介紹、與學員建立初步的信任關係後，接下來要做的是：

開場技巧二：簡單破冰

　　在教學現場冰冷的狀況下，講師還是暫時不要急著開始。再為現場增加一點溫度，讓教學氣氛溫暖一些，用個短故事或互動破冰，進一步抓住台下的注意力，自然散發出親和力。我常用的幾個做法是：

　　舉手法：「請問台下過去有教學經驗的，請舉一下手？」「請問過去一年教學經驗超過三次以上的，請舉一下手？」「那現場有沒有站上台時，不會緊張的，請舉一下手？」（二～三個舉手形式的問題，除了調查之外，也透過舉手的過程，讓大家始慢慢的破冰。）

　　故事法：講故事也是一個破冰的好方法。譬如我會在講師訓練的課程上，以說一則小故事做為開場：「之前搭高鐵時，我

曾經遇到一個過去我在大學夜間部教過的學生。他一看到我就主動跟我打招呼，說我教過的課是他大學四年印象最深刻的課！我才準備接話時，他卻接著解釋，雖然內容他都忘了差不多了！（笑！）。我想，如果能讓學生記住課程，而忘記教學內容……也算很不錯的能力（再笑）。」

在自我介紹建立信任後，這一段是緩和與增溫的橋段，也再抓一下台下的注意力。雖然看起來很多，但實務操作時一般很短，大概一分鐘就結束了，記得開場要快要準，不要長篇大論！接下來還有很多事要做！

另外，建議不要太貪心，不要在這個階段就開始問答的操作。因為雖然已經有了一些信任基礎，也逐步建立連結，但講師和學員的關係還不穩固，現場的冰其實有很多還沒融化。不要在這裡太快切入，那樣有時會有反效果。

開場技巧三：課程簡介

在用互動或故事抓到注意力後，就得趕快利用這段時間，快速說明一下課程的架構及時間安排，讓大家心裡先有個底，接下來一整天的學習才會更容易聚焦。舉個我之前在教「系統化思考與心智圖」的例子，這段的做法大概像這樣子：

「今天一整天，我們會跟大家談到四大部分：第一個部分是『什麼是系統化思考的基礎』，第二個部分是『心智圖的基本技巧』，第三個部分是『心智圖的各種應用』，最後是『心智圖的電腦化操作』。」

課程架構說明完之後，我還會接著說明時間的運用，像是：

「我們在早上會先教前兩大部分，也就是思考基礎及基本技

巧，下午則是後兩大部分，也就是運用技術及電腦化操作。早上九點開始的課，大約會在十點半休息十五 分鐘，接下來上到十二點整，午餐一小時，然後從下午一點上到五點，每一個小時會休息一次。希望在下午五點結束今天的課程。」

有注意到我仔細說明了時間安排，甚至下課時間嗎？這樣的做法，可以在學員心裡先建立一個預期。這一來，對於接下來一天大概會怎麼運作，大家會有一個更清楚的想像。實務上，因為要準確抓好時間會是一個挑戰，所以並沒有很多老師這麼做；但是，如果你能控制好時間，一開始就說明時間上的安排，會對學習有正面的幫助——至少學員總能知道，接下來什麼時候可以上洗手間吧？

開場的前三階段就做到這裡。到此為止，你已經透過自我介紹建立信任，利用簡單互動或故事來吸引注意力，也說明了課程規劃及時間安排；如果一切順利，這就是一個很不錯的開場，至少學員的注意力已經聚焦在老師身上了。不過，接下來的操作才是職業選手不同於業餘選手的關鍵，也就是：團隊建立與要求承諾。這絕對是職業選手才會用的秘技啊！

3-6 開場技巧四：團隊動力與分組技術

在往下談之前，必須說在前面的是：接下來的團隊動力與分組技術，並不是「必須」的技巧；實務上，有超過六成以上、甚至更高比例的課程，其實是不會用到分組操作的。如果講師個人涵養豐富，或是魅力十足，或是學生學習動機強烈、學習環境塑造完美，分組的機制不但並不需要，甚至有點浪費時間。

想想，如果在教學的過程中，老師在台上講述，台下的學生都能努力學習，那麼，老師的任務，就只是把豐富的經驗和素養傳達給大家；學生聽不懂就會舉手發問，然後一整天學習動機強烈，每個人都聚精會神！該討論就討論，該練習就練習，每一個人都極為主動，爭先上台。教學結束後，大家收穫滿滿，跟老師道謝回家……；這不就是一個極為純粹而美好的學習環境嗎？有這樣美好的課堂，為什麼要讓分組及團隊動力這些外在干擾，影響了單純、美好的學習呢？

所以，如果你的學生是主動求知、熱烈參與、學習動機極為強烈，還一整天都能維持專注無比的狀態（真的有，譬如說：學生花大錢主動報名去上一門課！或是課後有一個認證決定學生的「生死」），這種條件下，身為老師的你甚至可以不用開場、不

用管學習動機、不用激勵也不用分組、甚至不用任何教學法，只要單純講述，學生們都會認真聽！認真抄筆記！認真學習！甚至老師不用開口，學生也會熱烈發問！

真的！

只是我想問你：**上次你遇到這麼美好的課堂、美好的學生、美好的老師……是什麼時候的事？**

回到現實中來吧！大部分的老師，遇到的都不是這樣「美好而純粹」的教學現場！（還是我手氣比較背？）現實中的我，面對的總是一群專業、但學習動機「一般」的企業學員，即使我以自我介紹展示專業、以故事或互動吸引注意力、並且說明課程及學習目標後，大部分夥伴的臉還是毫無變化，只是被動地等待接下來一整天的課程。（好啦，有少部分還是會開心，但也有少部分仍然很不開心。我都好想在這個時候，拿一台相機在前面拍照啊！）

沒關係，接下來我會做三件事。馬上打亂大家的沉靜，讓學員從默默的「植物」變成準備學習的「動物」。

第一件事：分組打散

「我們今天將採取小組的方式進行整天的課程，大家今天是自由入座吧？現在我給你一個號碼。1 — 2 — 3 — 4 — 5（假設現場分五組，然後我開始點人頭）」、「好，編號是1的，請坐第一組；編號2的第二組；用這個規則，請大家找到你新的小組！」

這麼做之後，你會發現大家必須動起來，換到一個新的位置。本來在開始上課前入座時，人人都會找自己最熟悉的人坐在一起，編號分組之後，則會讓他和最熟的人分在不同組；這麼做不只可以快速打散、混和，還可以讓學員無法保持靜止狀態，必須離開原來

挑好的舒適位置與空間。電腦當然也必須關掉，帶到新的位置去。

第二件事：小組自我介紹

大家都在新的位置就座後，我會打鐵趁熱，緊接著說：

「大家接下來會跟你的組員相處在一起七個小時，總得彼此認識一下。所以，請大家跟你的小組說明以下四個資訊：名字／部門／星座／興趣。我先示範一下：我是福哥，傑福國際與憲福育創的共同創辦人，我的星座是巨蟹座，興趣是有挑戰的運動和3C產品。接下來換大家，請每個人用二十秒的時間，站起來對你的小組自我介紹。請開始！」

上面這段話有好幾個關鍵 Know-How。先講姓名與部門是最簡單的開始，畢竟這是每個人的基本資料；然後透露星座，算有一點隱私，不過也是一般人很習慣說出口的訊息，而透過成員間個人隱私的交換，會讓大家更快建立互信；最後提到興趣，提供了組員之後交流的機會。請大家站起來說，則是除了暖身，還可以讓講師知道每個小組介紹的進度。不曉得你有沒有看出來，隱藏在這每一個細節後面的用意呢？

第三件事：競賽機制及遊戲規則

為了一開始就拉高一整天的學習動機，我總是會仔細設計好教學遊戲化的機制，讓學員的學習動機一整天都保持在很高昂狀態下（關於教學遊戲化請參見第 5 章）。遊戲的規則及獎品，我會在這個時候就先揭露，讓大家建立心理預期。像是：

「今天一整天，我們會採取小組團隊的方式來進行我們的課程。各位的表現和參與都會拿到分數。每一堂課下課時，我們都

會統計最新的成績，公布在教室後面。分數第一名的小組，會拿到我幫大家準備的精美禮物，也就是這個（展示禮物），第二名的小組也有獎品，禮物是這個（展示禮物，與第一名有區隔），第三名，全組只能拿到這個（更小的，甚至只有一個！大家會笑一下），最後兩名就負責⋯⋯ 掌聲鼓勵！當然，比賽不是為了獎品，而是為了面子！你說是吧？」

請注意，獎品可以是無形的（晉升、認證資格）或有形的（玩具、零食、書、獎牌獎狀、地方特產），不一定貴的才有用，但特別或特殊性高，還是會打中人性的競爭心理。譬如說：如果第一名的小組每個人一支 iPhone Xs，想必學生上課時一定超級認真，整天力求表現，老師說什麼對學生都有用！但⋯⋯老師可能上一門課後就要窮很久。雖然我故意誇張舉例，但是我的講師好朋友們，可是真的都很用心在準備課程獎品啊！

像是我的神隊友──超級數字力 MJ 老師，號稱「任性哥」！獎品都是外面買不到的超高級禮物，像是純皮的筆記本、磁性吸力的教具、復習用的課程樸克牌，學員都要帶一個行李箱，才能把這些獎品拿回去！而創新思考名師 Adam 哥，去大陸教課前都會預先精心挑選獎品。說出影響力大師──我的好夥伴憲哥，則總是努力挑選好書，讓學員們有超棒的學習動機。

沒有現場看過的你可能不相信，為了一盒積木，上市公司的副總會跟小組的成員說：「今天大家要表現好一點，我們一定拿到第一名，把積木帶回家。知道嗎？」學員一聽都快哭了（壓力好大），我看了則在旁邊笑。以副總的年薪，這個東西要多少有多少，他在乎的哪裡是「獎品」，在乎的是更深層的榮譽問題。獎品只是給大家一個名正言順的理由啊！

3-7　開場技巧四‧一：別忘了「選組長」

　　如果你也打算跟我一樣，用小組運作的機制，活化整個班級的互動。那你一定別忘了在分組結束後，找出一個靈魂的角色，也就是組長！

　　「選組長」是一個建立團隊動力重要的關鍵，所以我特別抽出來好好談談。因為如果一整天的課程會用到小組運作及團隊動力，那麼組長將是關鍵的角色——至少在老師下達指令時，每個小組都有一個清楚的接收窗口。但在訓練開始時，如何把組長快速挑出來，也是有秘訣的。

　　先來看兩個可能會失敗的方法：

失敗的方法

　　自願：「請問有沒有人自願當組長啊？」這樣子問，現場可能會馬上冰冷……然後全場僵在那裡！

　　討論推選：「請大家討論一下，推選出誰最適合當組長好嗎？」問題是訓練剛開始，很多人彼此都不認識啊！（跨部門訓練，或公開班）。這種情況，是很難討論出什麼想法的。然後也會僵住很久！

你可能正在想：「自願也不行，討論也不行，那不然應該怎麼做才好？」先別急！我只是想讓大家了解，細到連選組長這件事，職業選手也有最佳化的做法，在此要告訴你職業選手常用的兩個方法。（這可是不傳之秘的 Know-How 哦！）

老師指派：「麻煩請各組的夥伴交換一下意見，家裡離這邊最遠的／頭髮最長的／身高最高的就是今天的組長！請起立！」

這個方法很快，也可讓大家交換一些資訊，讓小組更熟悉。但是，組長由老師指派學員不見得會開心，而且有一些資訊比較敏感（例如年紀），因此在提出挑選方法時要小心。在大場演講或人數比較多時，我才會使用這個方法。

成功的方法

我更常用的是下面這個做法：

比手指：「組長是今天最重要的角色，待會要請大家伸出手指，當我說組長是誰的時候，請把你的手指比到你心目中組長的『臉』。請記得比自己的小組，不要比到別組（笑）。好……請伸出你的手指，組長是誰？（大家比）。麻煩組長請站起來！」

上面這個方法做熟之後，效果很好，「笑果」也很好。記得要請組長站起來，這時你一定會發現，有幾個小組的組長可能會難產（大家手指比的意見太分歧）。老師只要走過去，說「我不介入政治鬥爭，趕快有個共識……組長請站起來」。因為其他小組已經有人站起來了，老師只要過去給個壓力，組長一定會很快產生然後站起來。如果真的一直挑不出來，才由老師指派。

儀式化

挑完組長後，還要給組長一個儀式化的動作，讓小組接受他是組長，這個儀式可以更確認組長的角色。如果只是「請給組長掌聲鼓勵」，這樣其實很老套！（我相信很多人都這麼做。）

職業選手的做法是：

「選完組長後，因為組長會服務各位一整天，所以我需要大家為你的組長加油一下。待會請跟你的組長雙手擊掌，對他講『組長加油！』，然後組長要說『收到！』。來，我們找個人示範一下（這時組長都還是站著，老師走向一個組長，做一次擊掌加油示範）。好，請大家去給你的組長加油一下！」（背景音樂播放，老師下開始的指令。）

接下來，大家都會離開座位，站起來跟組長擊掌！現場變得很熱鬧，也很開心，氣氛開始出現融冰的現象，也就是講師最樂意看到的樣子！

意料外的組長任務

選完組長後，大家都會蠻開心的，只有組長這時會有點壓力，有點不開心⋯⋯因為他不知道接下來要做什麼。所以，緊接著要做的就是讓組長安心。

「組長們辛苦了，在課程開始之前，我特別跟組長說一下：組長今天只有一個任務，就是⋯⋯負責指派別人上台！今天只要我說請組長派人上台，組長什麼都不用說，就只要用手一指！然後那個人就請上台！」這時組長們都笑了，很多人也會跟著一起笑。到這個狀態，就可以準備開始上課了！

好老師的好幫手

除了上面兩個方法,選組長其實還可以用撲克牌、用講義編號或用豆豆貼的顏色區隔,以及其他有創意的做法。不曉得大家有沒有注意到,連「選組長」都有很多精細的操作與細節的講究。並不是我要故弄玄虛,或把事情講得很複雜,而是職業講師每天在企業的教學現場,每一場課程都是挑戰!每一次課程結束後,馬上就會進行滿意度評估,大部分以 4.5 分(滿分 5 分)做為標準。如果滿意度在 4.5 分以下,可能未來這個講師就不用再來了!只有當滿意度達標,或是超標,後續才還有機會。因此我常說沒有不好的職業講師,因為所有不好的講師,都會被市場淘汰!所以職業講師站在台上,每一個動作、每一件事情,都在追求課程效果與學習的最大化發揮。務必讓接下來的課程,呈現最好的教學成效,這才是開場有這麼多細節要注意的原因啊!

一開始就先挑出組長,接下來,全天的課程裡,像是小組討論的時候請組長帶領大家討論,演練或發表時請組長指派組員參與。而有些注意事項或需要配合的地方,也可以先跟組長溝通。我甚至還有好友講師,會在課程中請組長擔任搶答舉手的角色(組長真命苦……)。無論如何,組長選好之後,你會發現身為組長的學員參與度自然而然提高(霍桑效應)!

上面的動作經過仔細拆解,看起來雖然很多,但是熟悉之後,操作起來是可以很順利、流暢的。動作雖然很多,但要做得很順暢,不要拖到寶貴的開始時間!

分組的四個問題

一個好的老師，開場時，一定可以利用最短的時間，建立信任、吸引注意、說明課程，到這邊其實就很棒了。而接下來所做的事，才是區別一般老師與職業選手（職業講師）之間的重大差異，也就是「分組與團隊建立」。

分組看起來不難？反正學員都已經坐好了？舉個我到知名上市公司上課的實例來說明好了，因為那天早上的時間有限（學員都已經在教室裡了），我就出幾個問題，讓大家一起思考：

問題一：先前在公司的其他課程，現場的桌型只擺了四組，上課總人數三十人。HR 說這是他們公司習慣的桌型，還有二十分鐘就要開始上課了，如果你是老師，你會怎麼做？

問題二：訓練承辦人員已經分好組，他解釋是採取混合打散，讓大家坐得開一點，而且已經有兩位學員報到，坐在座位上。如果你是老師，你會怎麼做？

問題三：學員自我介紹要介紹哪些資訊？除了名字／部門外，還有呢？重點是——為什麼？

問題四：小組團隊需要取隊名和喊隊呼嗎？你的看法是？

很多事情知其然，更應該想想……知其所以然。

3-8 開場技巧五：要求承諾

在開場的最後階段，當老師完成自我介紹建立信任、簡單破冰、說明課程，並且完成分組、選好組長後，千萬記得要做最後一件事：要求承諾！

什麼是要求承諾？就是要請學員答應，接下來的課程會全心投入、全力配合。在過往的大部分的課程裡，我是這麼說的：

「在正式開始課程前，我要請大家配合我三件事。第一件事，是請大家跟組長合作，組長是你選的，如果待會他請大家討論、請組員上台發表、請小組配合他時，不要為難他……可以嗎？」（等著大家輕聲講「可以」。）

「第二個要求是，請大家把手機調整成震動或靜音，教室裡面電話不要響、不要拿起來接電話。如果真的有重要急事，請大家去外面講，講完再回來……可以嗎？」（看著台下，等著大家輕聲回答。）

「第三個要求是：接下來的課程中，我需要大家的合作，該討論就討論，該練習就練習，我不會耍人，接下來上課所做的一切，都是為了讓大家有更好的學習效果，所以，請大家配合我，拿出你最好的表現。可以嗎？」（這個很重要，要等著大家大聲

一點說「可以」，必要的時候，多問一次！）

　　你可能會想：為什麼一定要在一開始時就問大家這三個問題、要求大家做出承諾？這樣的輕輕承諾，真的有用嗎？

承諾與一致性原則

　　在全球銷售過三百萬本、曾被《財星》（Fortune）雜誌列入「七十五本必讀商業書」，也得到巴菲特的合夥人查理・蒙格大力推薦的好書《影響力》，作者羅伯特・席爾迪尼曾經特別提到了「承諾與一致性原則」，意思是人們雖然常在不經意間做出承諾，但心理上還是會盡量追求一致，讓自己顯得言行合一，用行動去證明先前的承諾是對的。所以承諾也許很小，但卻仍然有效。

　　實務操作時，有兩件事想提醒大家：

一、從簡單的承諾開始

　　有注意到我第一個要求的承諾，是請大家「跟組長配合」嗎？因為這是一個相對簡單的承諾，比起配合老師，跟組長合作應該是很簡單的！也因為組長就坐在他前面，大家應該會很樂意配合才是。所以從跟組長配合到手機靜音、跟老師合作全心投入，這個從簡單到困難的承諾，才是正確的操作節奏。

二、等著台下回應，但不用大聲喊叫

　　每次當我問完台下，「請大家配合我，可以嗎？」我會點點頭，然後等著大家的回應。其實前兩個配合不一定要大家齊聲回應，我只會發問，然後看著台下說「可以嗎？」；這時有人會輕聲說可以，有人會點點頭，這樣都是回答。要一直到最後一個問題：「請大家配合我全心投入，可以嗎？」我才可能會問第二次

「可以嗎？」；目的是取得多數人的承諾，然後才會往下進行。

但是，這並不表示在要求承諾時需要大聲喊叫，或是把現場變得很團康！有人會很大聲的在這個階段問大家「可以嗎？」，目的是請大家也同樣大聲回應，但是這個方法用在一開始時，常常會有點突兀，有時甚至會讓氣氛變得更冷，或是讓現場怪怪的……這就不是我們期望看到的結果了！

取得承諾只是開始

要求承諾，是應用了心理學上面「承諾與一致性原則」的方法，在一開始時，針對接下來的課程，先請學員們承諾會全心參與及全力投入。配合開場的每個動作，從建立信任的自我介紹、簡單破冰、說明課程內容、團隊分組、以及要求承諾，每一件事情、每個動作，都是為了讓接下來的課程可以運作得更順利，有更好的學習成效。每個動作都有背後的目的，也希望我們細細的拆解後，讓老師們未來有更好的應用。

當然，以我過去實作的成果，這個一開始的承諾，還是要配合上老師精彩的教學，甚至加入課程遊戲化的元素，才會發揮整體的效用。千萬不要以為學員一開始承諾後，就一定會完全投入……哈！這只是一個開始！還是要把每件事都做對，這個承諾的效果才會完全發揮哦！

職業級的老師就要有職業級的開場

教學的技巧有千百種，沒有絕對的好或壞，好的老師在乎的只是教學效果！也就是：在老師教了之後，學生學到什麼？記住什麼？之後又能否學以致用。而身為一個職業選手，我們更在意

的是：在課程的每個時間裡，學生的狀態好不好？動機如何？參與力如何？注意力如何？為了讓大家進入更好的學習狀態，講師應該在哪些時候做些什麼，才能有效調整學員的學習溫度？開場是一整天課程的開始，也是學員與老師的第一次接觸，如何在開場時展現實力建立信任、簡單互動吸引注意、說明課程建立期待、以及利用分組競賽機制激勵參與，都是職業級的教學技巧必須在開場時就做到的事。一般依課程時間長短，短則三～五分鐘，長則十～二十分鐘都有可能，要看每個講師的不同風格。

「教學的技術」只是外在，「學習的本質」才是內功。而最好的教學，是內外兼具，技術與本質兼顧。

這樣才會有機會讓學生樂在學習，甚至忘了時間，進入學習心流的狀態。

相信我，這真的做得到！這也是我寫作《教學的技術》的目的，就是要讓你學會職業級的教學法，讓你在課堂中達到更好的教學成效。

當然，開場只是開始，一整天的課……還長著呢！

應用心得分享

教學的能力，系統化的結構

戴德森醫療財團法人嘉義基督教醫院管理師　王詩雯

在 2018 年暑假，我接到一個課程的邀請，主題是備課與教學的方法。在工作職場中擔任講師其實已經好幾年了，收到邀請時，

我卻突然不知道該怎麼準備這堂課程？於是，我翻遍了過去一年在教育研究所中讀到的書本、學習到的知識與理論架構，卻發現好像沒有辦法產出系統化、公式化的備課模式。雖然我很清楚在課前應該要寫授課計畫、授課時應該採多元化的教學、課程後應該追蹤學員的學習狀況並做課程檢討，說起來真的簡單，但要擬出系統化的結構時，卻變得好難。接著當我翻出以往授課的簡報，我回想過去一次次的授課經驗，那瞬間我覺得自己肯定不是一個好老師。

於是，我上網把福哥寫的「教學的技術」系列文章，一篇篇地重新閱讀過，把福哥的觀點做出簡略的分類，分成「教學基本功夫」、「教學手法與技巧」，並從每一篇文章中整理出重點，運用重點開始設計我的課程「教案・從心備起」。

在我的分類中，教學基本功夫裡，福哥提到「上課要準時嗎？」這看起來是個很簡單的問題，福哥從兩個觀點切入，講師與學員，然而當你是講師時，你是不是應該準時抵達？當上課時間到的時候，你發現大部分的學員尚未報到，你該怎麼破解困境，並可專業且自在地度過等候學員的空白時光？

這時候，你是不是覺得哪有可能這麼衰，會遇到這樣的問題？但偏偏授課當天，都還沒開場，我就遇到這樣的危機，電腦設備故障、學員因公遲到，而當次的課程是屬於小堂分享，所以當學員有一兩個沒出現，我立即變得孤單又尷尬，彷彿在舞台上空等著唱戲。幸好我運用了福哥在文章中所傳授非常好的策略，讓我順利破解第一道難題。

從我的第二個分類，教學手法與技巧裡，福哥提到「課程開場技巧」、「要不要分組、如何分組」、「眾多的教學手法，如：小組討論法、影片法、演練法等等」，這些教學手法與技巧就像白米飯一樣普通，卻又十分重要。透過福哥的觀點與提醒，我逐步地架構與整理出自己的課程，貫穿應用著多元化的教學手法，並列出每個操作的細節。這樣做，普通的白米飯便煮成了Q彈的越光米，讓我在「教案・從心備起」的課堂上，除了獲得滿分的滿意度外，從學員的回饋中，我更清楚那是一堂內容扎實且分秒都精彩萬分的課程，瞬間我相信自己可以成為一位好講師。

對我而言，福哥的文章就像一本教學界的魔法全書，打開後，全書變成清單，可以用來逐一檢視自己的課程，然後你的課程就能像擁有魔法般，讓學生透過你真的「知道」「得到」，而且「做到」，教學的道路從此成為一條康莊大道。

應用心得分享

調整教學環境，立於不敗之地

LINE@ 官方認證講師　劉滄碩（Andy）

我一直沒有忘記多年前，第一次參與「專業簡報力」課程的經驗。由於我常常在講課，長則一兩天，短則至少三小時，很希望透過這個專業課程，訓練自己的簡報結構以及短講能力。課程的精彩程度超乎我的預期，更重要的是講師福哥在中場休息時，不僅一次提醒我，身為專業講師，我應該多觀察他在教室做的每一件事、每一個細節，不只是參與課程而已！

當時的情景，現在都還歷歷在目，與福哥對話如醍醐灌頂，讓我驚覺過往授課時，雖然會提醒課程單位注意投影設備、音源線等問題，但是忽略了整體教室氛圍，例如分組桌椅的排列方式、冷氣溫度。乍聽之下，這些相較於教學技巧、教學法根本微不足道，大部分講師更在意開場熱不熱鬧、教學法怎麼操作等重要問題。但我覺得，這就是真正「專業、職業」講師與一般講師的差異！調個桌椅有什麼困難嗎？注意一下間距不就好了？但這個細微的調整，會影響到講師的「走位」，如果沒留意或是調整不當，分組討論時，不僅會妨礙到講師在各組之間的移動，甚至因此中斷學員的討論，讓整個教學的流暢度不足。

除此之外，桌椅的排列方式也會影響學生坐位的舒適性，以及是否便進行討論。我就發現，如果分組桌椅較長，學員討論時需要特

別站起來、走動或是伸手取物。遇到好的上課氛圍、熱情的學員，一切自然沒有問題；但如果遇到學習意願不高的學員，這些不必要的「干擾」，都會成為讓他在座位上不想動、不想討論的原因。在參與「專業簡報力」「講私塾」「教學的技術」三個高張力的課程時，我便特別留意了福哥的每個動作與細節，尤其是他跟學員互動時的走位。

或許有人會說：「這些好像需要足夠的經驗，才能真的做到，不像教學法、教學技巧有方式可以學習！」但我覺得不然，一開始可以先從「形式」上練習，例如福哥提到的幾點，「調整教學桌與分組桌椅、調準時鐘、設定冷氣溫度」。從馬上可以有改善效果的具體事項著手，每次授課都提醒自己注意，內化成習慣，從注意「形式」，轉為自身的經驗、心法。例如透過桌椅的調整，更留意學員的需求與學習狀態；教學桌挪到側邊位置，可以提醒講師「站出來」，離開講桌，注意走位以及與學員的眼神接觸。

經過福哥課程的洗禮，我先是懵懵懂懂地學著照做，也開始注意細節，包括台上的站位、走位、眼神，從「形式」著手，到現在越來越能夠體會為何要這樣做，這樣做的背後目的，以及預期達到的效果，這都讓我的教學更為順暢、得心應手！

呼應福哥提到《孫子兵法》中的重要概念──「善戰者，立於不敗之地」，其實好的教學者，也要記得先把環境調整好，立於不敗之地，教學效果才會更好啊！

應用心得分享

教學的成敗，講師要負起全部責任

高雄榮總急診醫師／法律碩士　楊坤仁

三年前的那天是憲福「講私塾」課程的演練比賽，我是參加課程的其中一名學員。這天每位同學又興奮又緊張，雖然已經準備了一個月，但沒人有把握可以表現得很好，畢竟台下每個人都經過專

業的訓練，哪個環節沒做好，一眼就看得出來。

上場後怎麼自我介紹、開場可以用什麼方式、有沒有加入其他素材、有沒有實作與回饋？每人二十分鐘的上台演練都必須細切成好幾個部分，並把每段的細節做到百分之兩百才行。這天教室的冷氣很強，但我的手心卻在冒汗；點心很豐盛，卻沒人有心情去動盤子。

剛才已經有兩個同學演練完畢，休息十分鐘緩和情緒後，接著第三個同學準備上場。

「我上課講的你們都沒有做到！」在第三位上場前，福哥忽然走上台說了這句話。突如其來的提醒，嚇得我剛喝進嘴裡的一口茶不知道該吞下還是吐出來。（已經都這麼緊張了，又是哪裡沒做好？福哥怎麼又有意見了？）

「各位有沒有發現，講師的講台區空間很小，前兩位都綁手綁腳的？是不是因為觀眾的座位太前面，讓台上的空間太小？」福哥接著說。

「我們上課時不是有談過，桌椅的安排也是講師的責任？開始前不是應該先把空間調整好嗎？這是我故意排的，想看看有沒有人發現，結果竟然沒人主動調整！現在請各位一起把座位往後移，讓出空間來！」

福哥就是這樣的人，「教學的成敗，講師要負起全部責任」。燈光太亮，那就自己拆燈管；空間太擠，那就自己搬桌椅。我認識很多老師在講教學、講技巧，但沒有一位像福哥一樣，連桌椅安排、燈光設備細節都那麼重視。

那次課程之後，我把福哥教的這些技巧運用在醫療與法律的教學中。醫學與法學教育都是很傳統的環境，有人認為這種嚴肅的氣氛不適合互動式教學，只能用傳統的講述，然而事實上，2018 年我在全國二十間醫院的醫療法律互動式教學的經驗中，不僅成功地讓在場的醫師們都參與分組討論，其中參與度最高的更是各醫院的院長及院級主管。

互動式教學並不是花俏，而是藉著活動設計提高學員的參與和理解，也藉著實作讓學員得到更多修正與回饋。很多講師希望學員學到最多，課堂上總是講述了很多內容，但如此的學習效果並不好，事實上「老師講得越少、學生學得越好」，透過小組討論、實作回饋等方式，才是真正有用的學習方式。

應用心得分享

你真的知道分組的好處嗎？

兩岸知名講師　蔡湘鈴

在還沒有接觸福哥前，我在企業內部擔任講師，上課的模式就是排排坐。因為我會講很多真實的案例，學員們都聽得津津有味，但是聽完後，學員實際運用的並不多，到底是什麼問題？接觸了福哥教學的技術，我知道問題在哪裡了。

多少人的課堂適合分組呢？又怎麼分組？

我的課堂最少的人數是五人，也有演講五百人的，都可以分組。

每組多少人最適合呢？這取決於場地和總人數。最佳的場地是教室型，座位可以排成島嶼型。我的課程最佳狀態是每組六人，分為四組。但有時學員人數過多或過少，就要調整分組模式。

例如：我的最小班級五名學員，就在一間小會議室上課，那麼就分為二人、三人一組，經常做的練習是兩人演練。

例如：我曾上過一百二十人的課程，在一個大型的會議場地，分為十二組，每組十人。人數多一定要安排工作，避免有人在組內不做事、不學習，所以會有組長、財務長（計分的）、文化長（寫海報的）、行銷長（設計規劃內容）……，並且要求每位要輪流上台發表。

例如：我曾講過五百人的演講，座位屬於排排坐的，就讓鄰近三～四人自成一組，演講時可以給幾個題目，讓小組進行討論。

組內學員要同質性或異質性？

這就要看學習目的或期望成效。什麼情況會採同質性分組？我曾經上過一個銷售課程，學員分產品線，例如一個大賣場有些人銷售家電類、有些人銷售服飾類、有些人銷售精品類，這些產品線派來上課的學員人數差不多，公司希望課程結束後，學員能產出屬於自己產品線的銷售模式，這種情況我就會讓同產品線的分在同一組。

大部分的時間我會採異質性分組，例如不同分公司、不同工作內容、不同職級、甚至不同年資或年齡，好處是，他們能聽聽不同

背景學員的想法或意見。我曾經為一家老字號的企業上課，內部遇到了年長資深（年資二十～三十年）與年輕資淺（二～三年）同事間的矛盾，資深的認為資淺的做事不踏實，不願按部就班；資淺的認為資深的方式太老套，沒有效率。我將年資打散分組，透過題目的設計，讓小組進行討論，資深和資淺的學員交流後，更懂得對方的好。年長的覺得年輕同仁有很多有趣有效的想法，年輕的覺得年長同仁有很多有經驗的做法，瞬間打破了年齡的隔閡。

還有一次的課程，企業主管認為公司各個部門間的合作不夠密切積極，容易產生誤會，對彼此的印象不好，希望促進跨部門之間的和諧溝通。我把部門打散分組，讓每一組都有人事部、總務部、財務部、系統部……，透過討論交流，有機會讓其他部門同事更了解自己的工作內容，以及工作上會遇到什麼困擾，期望其他部門同事如何配合。原來的對立消失了，學員一起思考要怎麼做可以讓工作更順利。

分組的好處很多：可以掌控教學進度，讓學員學習不孤單，也有討論的對象，學員不只為自己學習，還要為團隊爭光、可以學習到其他學員的經驗與想法。

分組的目的很簡單，就是要達到最好的學習效果。福哥指導的分組技巧會是你教學的利器。

應用心得分享

教學的技術於醫學院課堂的實戰運用

成大醫院骨科主治醫師暨臨床助理教授　戴大為

在醫學中心擔任主治醫師，除了臨床服務以外，教學也是一個很重要的任務。教學又分為臨床教學，以及大堂課的教學。臨床教學就是在診間或者是開刀房直接指導住院醫師或醫學生。而大堂課的教學，是我一開始比較頭痛的部分。

在課堂上，學生的注意力很難集中。學生三三兩兩散坐在教室

各個不同的地方，而且大多是坐在離老師很遠的位置，教學的效果一直都不理想。

我實在是沒有辦法忍受我在上面講一整堂課，同學在台下使用筆電上網、玩手機，因此我下定決心要改善教學技巧，把原本的單向傳授提升成雙向的互動教學。

因緣際會之下，福哥和憲哥成為我教學法的教練，我在「講私塾」和「教學的技術」這兩門課程所學到的技巧，拿到學校的課堂上應用效果出奇的好。經過不斷地測試與調整，現在的大堂課教學對我來說，已經是得心應手。

我在醫學院負責的課程從骨科概論、病態生理學，到醫學工程概論等，每一門都是非常專業的課程，但是我發現用上教學技巧之後，也可以把專業的課程變得容易吸收與學習。

課程一開始，我會先用十分鐘進行自我介紹、課程介紹以及分組規則說明，由於這些互動的教學方式是學生比較不熟悉的，所以務必說明清楚。

在分組的時候，我也會趁機移動學生的座位，請同學們自己找到三個人一組，然後坐到前六排的座位。在換位置的同時，也會特別叮嚀後面幾排不可以坐人。我會依照講堂座位的多寡以及上課的人數下指令，這樣子不到一分鐘，所有的學生就會集中到最前面最中間的位置。由於上課地點都是演講廳形式，所以在分組的人數上是以三個人為一組，方便討論為佳。（盡量不要超過四個人。）

我會先把課程的內容，依照難易不等的程度，把它變成舉手問答、小組討論等小單元，儘量在每節課五十分鐘內會有四個到五個不一樣的單元，讓學生一直保持大腦在運作的狀態。

如果班級上課的人數在二十個人以內，我就有比較多的空間與時間跟學生互動，可以直接使用舉手問答及小組討論的方式。如果是比較大的班級，我會在每組發一張答案卷，上面有填寫答案，以及加分註記的地方。這樣在小組討論的時候，我只要走一走巡視教室，就可以知道每組是不是已經將答案寫下來，方便掌握學習的進度。我也會請每組的同學都將自己的名字寫在答案卷上面，這樣子同學會比較認真參與（最後收回答案卷也可以是一種變相點名的方

式，雖然我從未這麼做）。

剛剛轉變教學方式的時候，許多人的疑問都是：這麼困難的內容，真的有辦法用互動的方式來教學嗎？我認為，大部分的內容都有比單向講課更好的傳授方式，例如講述骨骼是由哪些元素組成，我會先用複選題的方式，讓每組選擇答案後再公布正確解答，這樣可以加深同學的印象。注射玻尿酸是否對於退化性關節炎有效果，我也會請同學先推測一個答案，然後再公布最新的研究結果。若是有一些問題的困難度比較高，必須要有足夠的背景知識才能回答，也可以考慮開放學生使用手機 Google 找出答案。但是，根據我的經驗，這一招要在整個課程比較後段才使用，不然每一題學生都會拿出手機來查，造成課堂秩序比較不好控制。

在課程結束後，如果這堂課的內容比較複雜，我會給學員一個連結下載講義，做為複習以及考前準備使用。

最後最高分的冠軍組別，我都是送他們金莎巧克力。我發現效果出奇的好，可以有效提高學習動機。我會請冠軍組別上台接受頒獎，然後照相。學生非常喜歡這個活動，覺得這個老師很特別。已經有不少冠軍組別的學生在下課後跑來跟我要照片。

經過這幾年的實際教學考驗，這套「教學的技術」可以應用在各種不同的場景，當然也包括學習動機低落的大學生。把引起學生的學習動機當成是老師自己的最大責任，就是對台灣的下一代教育最好的貢獻。

4

一定要會用的各種教學法

4-1　我只想單純講述，不行嗎？

　　從「建立觀念」「課前準備」一直讀到「課中進行」，現在，你終於來到「實際上課」這個部分了。上一章介紹了職業選手是如何操作開場的細節，並提升現場學習溫度。在這一章，我們將會更進一步傳授：職業選手在進行課程時，會運用哪些不同的教學法，讓學員不僅學得有效、有趣、又有用！這些都是職業選手的看家本領，在不同頂尖上市公司的專業訓練課程中，發揮了極大的成效，相信也可以幫助不同領域的老師們，設計出更好的課程。

　　但是在談這些不同的教學法及教學技術前，不知道你心裡會不會有一個疑問：「如果我不想用任何教學技術，只想單純講述，難道不行嗎？」我相信，這也是許多老師心裡想問的問題……。

講述才是常態

　　在大部分的課程中，講述才是教學的常態！

　　任何一個老師，最自然單純的方法本來就是上台講述──老師講，學生聽，古今皆然，也是我們從小學讀到大學的漫長歲月裡，最常接觸、也早就習以為常的學習方法。

在過去的學習經驗中，我聽過很多場單純講述的精彩講座，像是嚴長壽、馬雲、賈伯斯（Steve Jobs），還有我在 EMBA 與博士班的少數幾門課程……。講述，本來就是很單純、很自然的教學與授課型態，無需特別教導，我相信每一個老師都會。

好的講述要求更高

講述雖然不難，但是要把講述做得好……我個人覺得真的很不簡單。單純講述要能成功（也就是達成聽眾的學習目標），必須有兩個重要因素的配合：講者本身的修練，以及聽眾的意願。

先來談一談「講者本身的修練」：好的講述，代表一定有很紮實的內容！不但講者的基本功要很高強，表達能力也非常重要：在內容之外，如何講得生動、易懂、有料又有趣，擅長用大量的故事、例子搭配講述的內容。若是能在相對長時間的講述過程中，持續抓住台下的注意力，吸引學習者的學習動機。這樣面面俱到，才能算是一場精彩的講述。

讀到這裡，可能你的心裡又會冒出另一個聲音：「只要我講述的內容紮實有料，也真的很重要，為什麼還需要在乎哪些表達技術的花拳繡腿呢？」

這麼說也沒錯！但請別忘了剛剛我才提過，有效的講述還要考慮另一個要素：學生的學習動機。

學生動機與學習成效

如果學生具備高度的學習動機，那麼，講述得好不好，其實就不是那麼重要了——反正學生自己會披沙揀金、去蕪存菁，自己會弄懂！

因此，當學生自己有很強的學習動機時，譬如那是他必須懂得的知識、必須通過的考試、自己想學習的關鍵技術……；不管是內在或外在條件，都會促使他有強烈的學習動機。在這種條件下，不管老師講述的品質如何，或誇張一點說──甚至不用你來講述，學員也會自己想辦法學會！

老師們聽了可別難過，這其實是最完美的狀態！很多東西我們不也都是自己學會、根本就不需要老師教嗎？

常態與非常態

所以，如果老師有很強的講述功力，或是學生有很強的學習動機（兩者兼具當然更好），那就根本無需應用任何「教學的技術」，課程都一定會有很好的效果！

只是我想請問的是，你覺得大部分的教學現場會是什麼狀況呢？是老師有很強的講述？還是學生有很強的動機？還是……其他沒那麼完美的狀態？

不完美的狀態都是常態，如果你面對的教學現場也屬於常態，以下介紹的各種教學法絕對值得細讀，好好揣摩，一定能夠派上用場的。

4-2 問答法的互動

這是一個很有挑戰的演講邀約，演講主題是「藍海策略」（硬！），對象是鋼鐵廠的主管（更硬！），時間是下午1：00～下午4：00（不會吧……），人數大約一百人！這麼有難度的主題，下午這麼可怕的時段，再加上這些夥伴猜想應該是被迫參加的（看主題就知道），人數還有點多，如果你就是要上台的講師，你會怎麼教？

如果你是……你會怎麼做？

我在當講師第二年時，《藍海策略》一書正熱門，客戶邀約我跟企業同仁分享這個主題。在從事講師的初期，每一場演講和課程的邀約都是難得的機會，我自然接受了。雖然 EMBA 畢業的我，對這個主題並不陌生，但是在 K 了整本書並找了許多資料後，我還是不大曉得要怎麼開始這場演講。一想到必須在下午時段面對一百個可能被迫聽講的製造業主管們，我實在有點擔心啊！如果只是純講述、講一些故事或道理，台下應該很快就會昏睡吧？這……該怎麼辦呢？說實話，好幾次都想打電話給承辦單位說不想接了（其實是不敢接），但是心裡又有點不服輸，「一定能想

出有效的教學手法的！」我心裡想。

終於到了演講當天，開場前學員們魚貫入場，我看了一下現場的氣氛，果然很低迷。有人雙手抱胸、有人毫不掩飾地張大口打哈欠、有人兩眼無神飄向遠方、甚至有人看起來一臉敵意（看你要講什麼！）。看起來演講待會肯定是充滿挑戰性！唯一值得安慰的是：現場沒有人滑手機！（是什麼原因呢？）

面對這樣的現場，如果你只有一套「講述法」，即使故事和道理都講得不能再好，台下也不會買單的！

沒關係，我準備好了！

演講一開始，我很快速地先帶了一個動腦活動（熱場一下，打破僵局）。然後簡短自我介紹，建立一下信任。接下來進入第一個案例，我記得談的是某間金礦公司，坐擁礦脈卻找不到金礦，經營者苦思不得其解，直到他去參加一場 Open source 的電腦技術研討會……。

講到這邊我停了下來，問台下的聽眾一個問題：「有沒有人可以告訴我，如果你就是經營者，面對一個金礦脈卻找不到黃金時，你會怎麼做？」

沒有錯誤的答案，只有正確的互動

台下當然是一片靜悄悄，我看了離我比較近的一個學員，眼神看起來蠻善良的，直接 Cue 他「如果你是 CEO，你會怎麼做？沒有錯誤的答案，說說看你的想法？」他看了我一眼，有點不確定地小小聲說出：「嗯……再做更多的鑽探？」

「更多的鑽探？這個想法很不錯！」我拿了一個小獎品給他，「還有人有其他的想法嗎？」我繼續發問，並且把自己的手舉起來。

左邊有一個人似乎受到小獎品的激勵，半舉著手說：「增加更多的採礦設備？」我笑著回應：「設備投資，花錢！看起來很大器！」大家聽到也笑了。與此同時，我也把另一個小獎品給第二個人。

「這些想法都很棒！還有其他的想法嗎？」我繼續把手舉著。接下來 Cue 離我比較遠的後排聽眾，拿著麥克風往後走過去，請他再猜下一個可能性。就這樣再 Cue 了二、三個人，然後才再回到台前。

「各位的答案都很棒！有人說可以繼續鑽探，有人覺得應該投資設備，也有人說應該增加人力，甚至有人說應該果斷放棄，這些答案都有道理。我想要跟大家分享這間公司的 CEO 是怎麼做的……」然後我接著談，加拿大礦業公司是怎麼用 Open Source 的觀念，將手邊的金礦探勘資料開放在網路上，請大眾提供分析意見並提出獎勵機制，因此而讓採礦產值提升了九十倍……。經過剛才幾個簡單的互動，大家的心情有「稍微」放鬆下來，肢體語言也沒那麼防衛，臉上的冰霜也漸漸融化。

這就是問答法的操作，適合在課程或演講一開始的破冰，以及中間簡單的一些互動。但是在操作上，有幾個應該注意的地方，還有問答法也有幾個限制，以及許多講師經常會遇到的一些問題。

4-3　問答法的操作技巧

上一節談到，如何在大場演講時使用問答法破冰；接下來，我們來談談問答法的操作方法，以及要注意的地方。

最基本的問答法操作，就是老師問、學生答；進一步可以有一些變形，例如老師問，請學生在小組內簡單討論後才回答。或是更進一步的變形，例如像是提出幾個選項請學生選擇（選選看），或是排次序（排排看），或是排連結（連連看）。雖然也是老師問、學生答，效果卻很不一樣，不過，我們後面再來談這些技巧，目前只先專注在簡單的問答（老師問、學生答），或是加上討論後的問答（老師問、學生討論一下再回答）。

以下舉幾個我們在實際訓練時用過的問答例子：

「你覺得簡報重要嗎？為什麼？」（我在「專業簡報力」培訓時問的問題）

「Mentor 的定義是什麼？」（憲哥「教出好幫手」課程）

「藍色人在長官交付困難任務時，會出現什麼反應？」（卡姊「出色溝通力」）

像這種問一個開放式問題（不是 Yes / No 可以回答的），然後請台下回答的做法，就是最簡單的問答法操作。看起來不難吧？

但是最難的是……你問了，台下一片沉默，沒人回答！（我知道你在想這個問題）。

所以，問答的操作，還是有些技巧的：

一、開始時，要Cue人回答

如果這個問答是放在課程的開始階段，拿來破冰用的，那麼，提問後的氣氛應該會有點冰冷，千萬不要以為會有人主動舉手回答，而是在問問題之後要主動 Cue 人回答，才不會讓現場的氣氛凝結在冰點。當然，如果真的不幸 Cue 到人、他卻沒有回答的意願，這時記得馬上換個人，請其他人來回答。

當然，如果能安排獎勵機制（回答有獎品），或是團隊動力機制（團隊計分之後獎勵），都會有效提升一開始的參與動機。等到氣氛熱起來後，這個問題自然會消失。至於如何提升獎勵及團隊動力的操作，這個我們後面在遊戲化章節再說。

二、摘要重述回答

在台下回答問題後，記得要簡單摘要一下，並且重述剛才學生的回答。這樣做有兩個目的：讓學生知道你重視他的回答（有仔細聽），也讓其他人聽得到對答的內容（才不會把其他人晾在旁邊），這個叫「鏡像技巧」，也會加強學生對你的認同（在你重述他的話時，他會點頭）。

三、讚美而不批評

當學生說完而你複述之後，記得簡單給個讚美。「我覺得你說得很好」「很棒」「這個想法很重要」，用幾句簡單的話肯定

他的回答。記得絕不批評！即使他的回答真的不好，都絕對不要說「你這個回答也太跳 Tone」或是「這個答案不對吧？」切記，這個問答操作階段的目標，並不是從學生回答中聽到什麼厲害的答案，而是鼓勵他發言、讓他勇於提出想法。任何一個批評，都會讓之後的回答全部噤聲。記得，鼓勵發言，不要批評。如果答案真的很不 OK，也許「你這個答案的觀點，蠻有意思的……」也會比直接批評更好。

四、最後要提出想法或洞見

問答法不是只為了蒐集學生的答案，而是要讓學生動腦，讓學生思考，最後面再提出老師的想法或洞見。不能只是為了問答而問答，而是要把原本老師想說的話，透過問答的方式讓學生說出口。經過這樣的過程，會比單純「老師說、學生聽」有更好的學習效果。

其實，在過去教企業內部講師甚至職業講師時，剛學習教學技術的老師們，都能很快的學會問答法，然後在接下來的教學就「只用」問答法，甚至「亂用」問答法！因為當你學會問答法之後，就可能覺得「老師問、學生答」，這樣教起課來蠻有成就感的。但是最大的問題是：不是你問了，台下就會回答啊！

注意事項

因此，在問答法的操作上，還是有幾件要注意的地方。

一、題目要經過設計

問答絕不是「想到什麼就問什麼」！每一個問答的點，甚至

學生可能說出的答案，都必須經過事前的設想。而問答法與小組討論法在題目設計上最大的差別就是：問答法的題目會相對簡單，小組討論法的題目會較為困難。所以如果是一個比較難的題目，又想設計成問答操作時（不想讓大家寫白報紙或上台），也許可以請大家先交互討論、細想一下，之後再操作問答，這樣回答的答案也會更有品質。

二、獎勵機制的必要性

實際操作問答法時，能不能讓氣氛活絡，激勵機制的規劃還是占有很大的關鍵。從最簡單的小獎品到複雜一點的小組計分最後拿大獎，只要有規劃良好的激勵機制，即使台下坐的是有點冰冷的科技業工程師，或是心不在焉的大學生，還是做得到讓台下熱情參與、踴躍回答的程度的。（關於獎勵機制的規劃，參見第5章。）

三、不要只用問答法

因為問答法是最簡單的互動教學方法，有些老師學到後，整堂課就「只用」問答法。先前有一個朋友在教學時請我去觀摩，我就注意到這個現象。我的經驗是，問答法只能點燃現場氣氛的小火花，但是很快溫度又會降下來。如果一直用問答法，越用效果會越差。我後來教朋友如何在現場搭配小組法，轉換不同層次的操作技巧，果然教學現場的操作變得更精彩，氣氛也變得更好！

當然，問答法的操作還有一些細節要注意。例如在問答法之前搭配一個舉手法做暖身、問答法操作時不要喊「3—2—1」要求舉手、老師的手自己要舉起來做為引導⋯⋯諸如此類的操作細節，就等到各位老師開始應用後，再進一步斟酌調整了！

4-4　小組討論法

　　小組討論法，是職業級教學技巧的核心技術之一。

　　先以我教課的實例來看好了：每次企業內訓開始時，雖然一如前述，我會做一個很好的開場，也跟學員建立信任及破冰，甚至開始進行簡單的舉手互動及問答法加溫，但我總是覺得大家到了這個階段，都還是冰冰冷冷的。雖然已經有互動、也開始跟台上的講師有一些簡單的對話，但是，現場的氣氛還是以台上講師為主，是一個由台上往台下的流動方向。一直要到開始一個重要的教學活動，台下的氣氛才會開始活絡。

　　這個活動就是：「小組討論！」

小組討論教學法的操作

　　那麼，小組討論要討論些什麼呢？舉幾個例子來看：

- 如果你教的課程是「會議管理」，你可以問大家：「公司在開會時，有哪些常見的問題？」
- 要是教「主管面試技巧」，你可以問：「面試時，你經常會問應徵者哪些問題？」
- 或者你教的是「產品設計」，你可以問：「公司的產品設計，

應該包含哪些流程？」

● 也許你教的是「品質管理」，那可以問：「品質管理有哪些工具或手法？」

當這些問題出現在投影片上後，你請台下的學員，把問題的答案寫在一張大壁報紙上，然後給大家一個時限（譬如九十秒、二分鐘、三分鐘、五分鐘等），時間一到，就請大家停止討論，然後邀請其中幾組（組數少時可全部邀請）上台發表，發表時也限定時間，時間到再邀下一個小組。

然後等到大家全部發表完後，講師要彙整大家的意見，提出講師自己的看法或解答。如此一來，學員就能從自己剛才的答案與老師的補充中，得到更深入的學習。

整個過程如下：老師出題→學員討論→學員發表→老師總結。

這就是小組討論教學法的操作。

不難吧？但是，如果不難，那為什麼沒有很多人用？或是用得不順呢？

老師說得越少，學生學得越好！

以我個人的經驗，很多老師之所以不愛用小組討論法，可能是懷有以下兩大心結：

心結一：小組討論太花時間，用講的比較快

這個說法表面上沒有錯，單純由老師講述當然最快，小組討論還要出題目、請大家討論、發表再總結，又花時間又麻煩。那麼，為什麼不一口氣從破題講到結論就好，還要分組討論？

因為人腦不是電腦，不是老師講了台下就都會聽得清楚、記得明白。

講述時，說話的是老師，學員只負責聽，可一旦進入小組討論，老師出題後，學員就得先用腦思考、開口討論、還要動手寫下……，在經歷這些階段時，總不可能放空吧？結論就是：講述法教得快，忘得也快！小組討論法則是教得慢，但記得更多！

心結二：如果老師沒有講，學生不會怎麼辦？

請記得，企業學員——也就是成人學習者——並不都是白紙一張！絕大部分的基本問題，來上課的其實都已有一定程度的了解。如果你的教學對象是學校的學生，那麼也許真的會遇到學生基礎知識不足的問題。這時可以請學生針對教學主題先預習，或開放大家查資料 Open Book，這也是一個可能性。

當講師一開始提出問題：像剛才「開會時常見的問題」或「客戶常見的抱怨」，甚至「產品設計的流程」等等，一開始台下的學生都會有一些思索的過程，甚至要經過一些掙扎，透過小組討論才能半猜半推究地想出一些東西。但是經過這一番掙扎後，老師再加以補充，學生也可以比對一下他們剛才的想法；如果老師的補充正對核心，學員就會有「豁然貫通」的收穫！

答對的人會很開心，答錯的也會更警覺！如果有些問題真的太難，也可以考慮變形式的小組討論，做成排排看或連連看的方法，或是採用填空格的方式，都可以降低討論的難度，但卻又不失討論的效果。

其實，這兩個心結都不難打破。身為老師，你只要想一想教學的核心：到底目標是你想說得多？還是希望學員學得多？再更

一步說，我覺得教學的一個核心觀念是：「如何讓老師說得越少，學員學得越好？」從這個方向思考，你就能更理解這些教學技術的目的了！

重要的提醒

當然了，要做好小組討論，還是有幾個重要的眉角。

一、題目要清楚

題目一定要清楚地展示在投影片上（還記得大字流嗎），如果沒有 Show 出來，經常會在題目出完後就聽到「老師，我們要討論什麼？」；而且記得要聚焦，最好只討論單一問題。譬如「產品設計的流程有哪些？過程中會使用哪些工具？造成什麼影響？」就不是一個聚焦的問題。可以拆成「產品設計的流程有哪些？」或「產品設計過程中會使用哪些工具？」這類單一的問題。

二、要寫在大張紙上

沒有寫在大張紙上的討論，只能說是「小組聊天」！最好準備粗筆，讓學員把討論出來的結論寫在大壁報紙上，這樣不僅討論時會聚焦，發表時也會有一個參考或視覺輔助。

三、時間要抓緊

如果時間給得太鬆，沒多久大家就會開始聊天，甚至有人會跑去看其他小組在做什麼，或是有人會跑出去……上廁所、打電話！所以要抓緊時間，甚至用音樂跟計時，或是講師的主動倒數，來塑造時間壓力！

四、要邀請大家發表

出題目時，老師就要事先告知「等一下會邀請大家上台發表」，一旦下了這個指令，大家討論時就會更認真。當然，考慮到時間因素，發表時也不一定要讓每一組都上台；但是，記得不能一開始就說「我們待會只請一組上台」，不要一開始先破了自己的梗，要讓大家都覺得有機會上台，這樣效果才會好！

當然，除了這四件事之外，還有一些讓效果更好的細節。例如挑選難易適中的題目、討論時背景音樂的挑選、講師巡場的方式、搭配團隊動力機制讓發表更踴躍，甚至像大現場或沒有桌子時的變形方法，以及包含小組人數的選擇（大現場人數小、小現場人數中）……，都是值得花心思設計的地方。

「小組討論法」非常非常非常重要！（重要事情說 3 次！）特別是在企業內訓的現場，面對台下已有多年工作經驗、甚至帶有「我來看看老師你要說什麼」這種態度的學員時，小組討論法尤其有用。

簡而言之，小組討論法可以有效翻轉台上對台下的單向互動關係，把學習的球丟給學員，讓學員開始動口、開始動手、也開始動腦，之後老師再拿回球權，做一個有洞見或有條理的彙整。越是在專業的學習現場，你越會發現這個方法的效果有多立竿見影！

在過去十年的企業教學經驗中，我認為，這絕對是價值連城的方法。現在沒有保留地交（教）給你，接下來就看你怎麼在實務上有效運用！

4-5　演練法的五個步驟

　　企業教育訓練的種類，大概可分為三大類：心態改變（A）、技巧教導（S）、知識傳授（K），剛好組成 ASK（問）這個好記的英文單字（感謝憲哥提供建議）。一般的講述法，用在知識傳授還可以，但是用在技巧教導就完全不可行了！

　　我們可以來想像一個課程實況，譬如說我經常在「專業簡報力」課程中，教大家如何用便利貼來準備簡報的技巧，用講述法會像是：

　　「便利貼法有四個流程，分別是發想、分類、排序、重點分段。在發想的時候，記得先把想法丟出來，至少要有三十張便利貼才夠；分類時，把很接近的便利貼放一起，先不要管次序；等到分類完成後，接下來便進行排序；最後面才依照簡報的流程，把重點分段切出來。這就是便利貼法的四大流程，這樣大家懂了嗎？」

　　這時候台下的學員可能會點點頭……但是，你真的確定台下懂了？會用？會做？

　　所以，為了確定台下能完全理解，技巧類教學我們都一定會安排演練法，就在現場進行確認。因為「聽懂 vs. 會做」其實是完全兩碼子事，因此演練法才是能讓學員完全理解，並且可以實際

操作的方法。

PESOS口訣

千萬別以為演練法只是請大家操作看看，或現場演一下。要做好一個成功的演練法，必須按照以下的五個流程：準備（Preparation）、解釋（Explanation）、示範（Show）、演練及觀察（Operation & Observed）、指導（Supervise），縮寫叫 PESOS。或是用我合夥人憲哥的說法：**學習前準備（P）、我說給你聽（E）、我做給你看（S）、讓你做做看（O）、成效追蹤（S）**，這個口訣非常好記。

以下，就以我上課時在教大家「便利貼構思技巧」的教學為例，來進行上述演練法五步驟的示範。

學習前準備（P）

要準備便利貼、白板筆、計時器，以及可以用來貼便利貼的壁面或白板。

我說給你聽（E）

我會先對學員說：「我們待會要來練習的，是如何利用便利貼法來做簡報構思。這個方法會有四個流程：發想、分類、排序、重點切割，第一個步驟是發想，那要怎麼進行呢？我們待會要收集三十個關於簡報的 idea，由你們寫在便利貼後貼在牆上；所以，每個人至少要給我一個 idea。請開始！」

我做給你看（S）

然後，我就開始在大家前面示範便利貼發想及整理簡報的技

巧。先做發想，然後再解釋一下，接下來做分類、排序、以及重點切割。就在大家前面，把便利貼整理技巧完整地做過一遍。

讓你做做看（O）

接下來就是學員實做時間，不過，操作前我會把便利貼操作法的流程秀在投影片上，再讓大家複習一下我剛才做了什麼事，然後才開始抓個時間，請大家開始操作！（這時會放一點淡淡的背景音樂。）

成效追蹤──指導（S）

等大家做得差不多了，我會給各組一些建議。時間一到，就請大家輪流發表成果，再根據發表的內容給大家一些提醒及改進意見──這就是成效追蹤及指導改善，也是最能看出講師功力所在的階段！因為要能現場給出精準而有效的回饋指導，還是很不簡單的！

小結：換你來練習一下

以上就是五階段演練法，看起來不難，但是要做得好還是需要事前仔細規劃，才不會讓演練流於形式，或現場亂演一通（雖然可能還是很有趣，卻不見得能達成演練的預期目的）。

既然寫了演練法，那也請大家來演練一下吧？思考一下你平常教學的課程，有哪些主題可以套用演練法？你能從熟記PESOS，隨時寫出「學習前準備（P）、我說給你聽（E）、我做給你看（S）、讓你做做看（O）、成效追蹤（S）」這五個步驟嗎？要不要現在就自己選個題目，在家試著演練看看？不要只當個讀者，多練習幾次吧！

4-6　演練法教學的三個提醒

　　過去看很多老師操作演練法時，常會出現「演很多、練很少」的情況：當老師請大家演練時，學員往往亂「演」一通，以致沒有達到「練」習的效果。

　　因此，我想借著這個機會，給經常操作演練法的老師們以下三個重要的提醒。在一邊提醒注意事項的同時，我們可以用一個教學主題「招募面談技巧」來做一個示範，讓大家可以看得更清楚一點。

一、先示範，才練習

　　還記得演練法的五個步驟吧？再複習一次：學習前準備（P）、我說給你聽（E）、我做給你看（S）、讓你做做看（O）、成效追蹤（S）。

　　不過，許多老師在操作演練法時，往往也只做到「我說給你聽」，卻忘了「我做給你看」的步驟。學員在聽完時只有模糊的觀念，當然不容易演練得好！所以在實際操作演練法時，身為老師的你，說明完技巧重點後，記得要先示範一次給大家看，接著才請大家按照老師的操作去做，這樣演練才能做得到位！

　　現場示範，考驗的當然是老師的經驗及技術了。不但要示範得精準到位，並且要強調關鍵細節！如果是比較複雜或時間長的技巧，不妨考慮分段示範，才不會讓學員看了後面就忘了前面。當然，如果示範的動作有點複雜，或是需要配合對象或場景，也可以考慮事先錄成影片，用影片來當成示範標準，老師則邊看邊講解，這也是清楚示範的好方法。

　　舉例來說，在教「招募面談技巧」時，老師除了說明應該問應徵者哪些問題外，也應該現場找個學員當應徵者，然後當場示範一下提問技巧。同樣地，也可以把示範的應徵面談先拍成一段影片，在教學現場播放給大家看。

二、參考流程範例練習

　　針對一些比較複雜或步驟比較多的技巧，即使老師已經說得很清楚、也全程示範了一次，但是相信我……如果台下緊接著開始練習，印象還是會很模糊！這一類的演練教學，不妨以投影片列出操作流程或參考範例，讓大家方便對照著參考練習——有個清楚的架構可以參考時，練習起來一定會更精準！

　　請記得，投影片提供的是「架構」，而不是請台下照唸照抄的「樣板」！如果決定提供示範案例給學員參考，也應該跟大家待會要演練的東西有一些不一樣；這樣一來，學員才只能拿範例當參考，無法照抄，還是需要自己動腦練習！（這其實就是建構理論中 ZPD 近端發展區及鷹架的概念。）

　　再以「招募面談技巧」為例，請大家演練時，老師可以列出幾個面試的問題範例，像是：「請問你過去做過什麼專案？」「在這些專案中你擔任什麼樣的角色？」「可以請你描述一下細節

嗎？」……。讓學員參考這些問題，再要求他們進一步發展自己的面試問題及練習。

三、不要邊演練邊打斷

就因為是新的技巧，所以才需要練習，也因此可以預期的是：學員的練習一定不會完美，很可能會做得凌亂或不到位。重點是，老師一定要忍住插手的衝動，讓學生好好演練一次，完成後再給他回饋及指導！即使學生做得很爛，也要等到演練告一段落，才給他一些必要的回饋（回饋技巧請見下一節）。

當然，為了更精準地做好演練，也可以把演練及回饋規劃成兩、三次，像是：上台前先用小組的方式練習一次後，老師給小組的同仁一些觀察重點，然後請同組的夥伴先給回饋；之後再讓學員上台演練一次，老師當然也再給一次回饋。這麼做，可以增加演練的正確性與可看性。

舉例來說，老師可以請學員分成三人演練小組，學員 A 為面試官，學員 B 為面談者，學員 C 則是觀察者，然後讓大家先演練一次面談技巧（時間要限定，比如三分鐘），練習後再由 C 給予回饋。之後再讓大家輪番上台演練，每一次演練結束後，都由老師給予回饋。

先學到，再做到

以上，就是演練法進行時的三大提醒。演練的目的，除了讓學員練習技巧外，也能在演練的過程中有更多的學習機會（從觀摩他人中學習是有學理依據的，請參考班杜拉的社會學習理論）。記得，一定要依照演練法的五個步驟來進行：學習前準備（P）、

我說給你聽（E）、我做給你看（S）、讓你做做看（O）、成效追蹤（S）。

　　最後，讓我們再複習一下重點：

● 老師一定要先做示範，才請學員演練；

● 演練時不妨提供流程或內容的參考稿，但不能讓學員照抄或照稿練習；

● 最後就是老師要有耐心，不要學員一邊練習你一邊打斷，讓學員犯錯沒關係，之後才針對重點做回饋修正；重要的是：想辦法讓大家可以學到正確的技巧，並在教室裡展現！

　　希望這三個建議，可以幫助大家做好演練法教學！

4-7 回饋技巧：三明治回饋法

上一節，我們談到演練法的「五個步驟」及「三個提醒」。其實在演練操作時，還有一個重要的技巧：回饋技巧。為什麼要有回饋？怎麼回饋才對？

因為在演練的過程中，學員們對剛學到的技巧都還不太熟悉，需要老師現場觀察，並給予回饋。除了讚美學員的努力，也提出一些未來可以改進的地方。回饋的目標只有一個：讓學員未來有機會變得更好！所以回饋只是過程，改進才是結果！

優點—改進—優點

要做好回饋，有一個很簡單的基本技巧：三明治回饋法。簡單說，就是把整個回饋的過程分為三大段，也就是「優點—改進—優點」這樣的回饋方式。更具體分析，則是先說「做得好的地方」、接下來說「下一次可以更好的地方」、最後再說「整體來看還是有哪些很棒的點」，看起來不難，但做起來可不是那麼簡單，還有許多要注意的細節。

我們來舉一個真實的案例，幫助大家了解如何做好「三明治回饋」。

　　就以我常教的「專業簡報力」課程為例，其中有一段「九十秒電梯簡報」的練習：在小組討論及組內演練後，每一組要派一位學員代表小組上台做一次九十秒的電梯簡報，並接受大家的評分。通常在這種時候，要上台的學員總是有點壓力，有些學員可能會忘了先講簡報的結構，或是講述過程卡卡的，或是沒有和台下進行目光接觸。

　　當九十秒一到，我會先請演練的學員下台休息，然後準備對他剛才的演練進行回饋，這個時候就是「三明治回饋法」的使用時機了。

　　回饋的內容大概會像下面的三段：

一、優點

　　「我覺得剛才 Simon 的演練有幾個地方做得不錯，看得出來大部分的內容都記住了，也能在很短的時間裡把簡報濃縮成九十秒的版本；雖然感覺有點壓力，但是還能堅持把所有的內容全部講完，這些地方都做得很好。」

二、改進

　　「當然，有幾個地方是可以做得更好。譬如我注意到，Simon 一開始似乎沒有談到簡報的大結構；然後到第二段的時候，有點忘記要說什麼了，所以順暢度差了一點；另外，過程中比較少跟台下的觀眾做目光接觸。這一些，都是下次可以做得更好的地方。」

三、優點

「整體來看，能在這麼短的時間記住大部分的內容，並且做出一個完整的表現，看得出來 Simon 真的很努力！請大家給他掌聲鼓勵！」

你做出來的，是什麼樣的三明治？

三明治回饋法看起來不難吧？但是，要在現場即時點出有效改善的重點，考驗的就是老師個人的經驗和功力。

有時候，我會跟其他的老師一起擔任評審，譬如像之前的台大簡報大賽，或是前陣子受邀擔任 Yahoo! 奇摩認證講師選拔評審。這種場合，不只是選手比賽，也是評審點評功力的大 PK！面對同一個演練者，每個評審要提出獨特的觀察點，還要即時整合、做出講評及回饋，這真的還蠻挑戰的！

所以為了回饋時更能聚焦，有時候我會一面觀察、一面把看到的重點寫在一張手卡或便利貼上，讓自己待會回饋的時候，能夠點出更多的重點；你當然也能這麼做，但是，記得回饋之前要先好好消化手卡上的內容，而不只是照卡唸稿。除了這個小技巧之外，我也注意到老師們經常在回饋時，犯了以下幾個常見的問題：

一、跳過優點，只講缺點

很多老師為求直接或是講求效率，尤其是在有其他人回饋之後（比如別的老師、評審或學員間先互評），會直接開口就說：「我想優點很多人都說過了，我直接講缺點就好，你要改進的地方有……。」這個說法經常出現在主管的回饋，或是沒有受過三

明治回饋法訓練的老師。感覺上很直白地點出學員的問題，或甚至以「毒舌」做為風格，但回饋的效果不大，講了學員未來也不會改！因為如果忽略了「先講優點」這個部分，就好像沒有包裹糖衣的苦藥，雖然也許有效，但是對方卻很難吞得下去。而使用三明治回饋法，在先講了優點後，可以先打開對方的心房。之後再談改善點，講師給的建議才會更有效。再強調一次——回饋只是過程，進步才是結果。如果只是追求回饋的效率，卻沒有考慮回饋帶來的效果，其實反而事倍功半！老師花時間，學員卻不改，這樣就等於白做工了！

二、只講優點，沒給改善點

這又是另一個極端，在回饋的時候只講好話，譬如「你做得很棒，講得蠻流暢的」，或是改善點很模糊，比如「未來再更加強一點就好了」等類似這樣的回饋。有聽等於沒聽，學習者還是不曉得應該如何改進。

當然了，有時不是老師看不到改善點，而是覺得需要保留學員的面子，或是不忍心讓學員壓力太大；更直白地說：就是想要當好人！其實誰都會想當好人（我也是好人啊！），只是在教學的過程中，更應該擔任的角色是：一個好老師或好教練！透過回饋的過程，除了具體點出學員的優點，也必須指出未來真的可以改善的重點。過程中尺度的拿捏，就真的要看老師個人的功力了！

三、愛用「但是」做連接詞

有些講師對三明治回饋法有些抗拒，或是覺得用起來效果不好。大部分都是卡在「但是」這個字眼。譬如以下的例子：

「剛才 Simon 的表現很專業，過程也很流暢。**但是**，結尾的部分表現得不大流暢，跟台下的目光接觸也不夠……」

你會注意到，當「但是」這兩個字出現後，接下來的句子好像就抹煞了前面的讚美！因此我建議老師們可以技巧的跳過「但是」，改用「如果可以的話……」「下一次如果有機會……」「當然我們也看到……」，或直接在優點講完後，無縫接入改進點。例如：

版本一：「剛才 Simon 的表現很專業，過程也很流暢。**如果可以把結尾收得更順**，跟台下有更好的目光接觸，那就更好了！」

版本二：「剛才 Simon 的表現很專業，過程也很流暢。**下一次如果有機會**，可以想想怎麼把結尾收得更好，然後跟台下保持目光接觸，那效果一定更棒！」

版本三：「剛才 Simon 的表現很專業，過程也很流暢。結尾的部分有點卡卡的，**當然我們也看到**，剛才的目光接觸也比較少。只要修正一下這兩個點，下一次一定會有優異的表現。」

版本四：「剛才 Simon 的表現很專業，過程也很流暢。結尾的部分有點卡卡的，目光接觸也比較少。只要修正一下這兩個點，下一次一定會有優異的表現。」

有看到我怎麼避開「但是」這個字句，卻可以同樣達到優、缺點都回饋給學員的連結嗎？當然，這是需要一些練習的。

多練習，三明治就會做得更好

企業講師的角色，除了是教學者的身分，更多的時間更像是個教練！教練的工作，就是要能幫助學員強化優點、改進缺點，目的不是為了批評，而是為了成果或行為的改變，最終達成課程

或訓練預期的目標！

　　當然，要能即時做出一個好的回饋，靠的也是老師實力及經歷的累積，特別是字句的斟酌，以及「優點—改進點—優點」的三明治公式，這些都是需要多加練習的。

　　希望這些過去累積的教學心得，能夠幫助你在課堂上做出更好的回饋，也幫助學員有更好的改變！

4-8 影片教學法

記得有一次幫外商銀行培訓內部講師時,其中一門課要教新人「工作流程及時間管理」,讓新人知道:每天工作的日常到底要做些什麼?什麼時間該做什麼事?怎麼樣才能配合得上團體的節奏?雖然這些在過去的新人訓練中也會教,但是僅靠口語說明再加上工作流程 SOP,新人還是要花不少時間摸索,才能順利上手工作。

在準備教學時,有個講師突發奇想,拿起手機,把公司同仁「標準的一天」拍成影片,從早上上班工作,開始打電話給客戶、記載連絡紀錄、然後休息一下,再繼續第二段的客戶連繫、午餐及休息、然後接續下午的工作、還有傍晚的檢討會議,影片除了呈現工作場景,也把工作應該注意的細節,如記錄重點、工作方式、心態轉換……,全部都呈現出來!一整天的任務,最後濃縮成一段五分鐘的影片。新人看了這段影片,不但對於未來的工作大概是什麼模樣可以有更真實的體會,還可以帶回去複習。聽說這段影片後來變成新人訓練最受歡迎的素材,而且低成本拍攝,只用了手機加上電腦剪輯,是花了一個工作天就完成的作品。讓影片說話,眼見為憑,這就是影片教學法的威力!

應用的可能性

上課時，如果能善用影片教學，可讓整個教學節奏稍微變換，經常會有不錯的效果。要將影片應用在教學上，大概有以下的可能性：

一、當成觀察或討論的素材

最簡單的做法，就是先播放一段短短的影片，然後請大家討論剛才從影片中看到什麼。

譬如我可能會播放一段簡報的影片，請大家討論「剛才簡報者用了哪些技巧？」而憲哥可能會播放一段隱含管理議題的電影，再請大家討論「職場中不同類型的主管風格」；我也看過 Adam 哥播放一段創新產品的開發過程影片，再請大家討論「從影片中學到哪些產品創新及設計思考的方法」。

要將影片當成討論或觀察對象時，記得在播放前：先提示一下待會的影片中有哪些觀察重點；譬如：「請看一下影片中簡報者是如何開場？過程中如何表現？又是怎麼結尾的？」或是：「請大家一邊看，一邊記錄一下你有感覺的地方。」然後才開始播放影片。這一來，大家看影片的時候就會更有感覺！也能看到更多的重點！

二、當成教學示範或成果展現

老師教學或說明完某些技巧之後，往往需要來個示範；這種時候，影片的示範也可以當成最佳助教。譬如我曾經看過有講師教主管「怎麼關心一個經常遲到的下屬」。那位講師的做法，是

先帶一個小組討論，請大家想想：什麼是好的關懷？什麼又是不當的做法？然後在大家發表完意見後，馬上放了一段影片。影片中這位講師找了一個同事當臨演，用手機拍了兩段影片，第一段先示範了不正確的面談方法──直接就唸他兇他酸他威脅他，演得很逼真；第二段再示範了一個正確的、有愛心關心同理心的面談法。看過這兩段影片後，學員馬上秒懂了什麼是正確的面談！

這種做法，一般會先簡單進行口語教學，再用影片做為輔助。但可以考慮口語教學不要太長，或是簡單說明後直接用影片取代教學。有時也可以考慮使用多段短片，從不同的方向來說明或是示範指導同一個主題；這也會刺激大家不同的思考，讓說明或示範教導的效果更全面。

三、當成感性的段落或結尾

除了理性的教學外，在適當的場合或課程，如果能加上一些感性元素，有時也會讓整個教學過程更讓人印象深刻。一段仔細挑選或精心設計的影片，經常是讓人感動不已的元素！像先前我跟幾位好夥伴們，在「不放手」專案裡為景美女中拔河隊教練郭昇教練復健的籌款演講，就應用鐵人 Tim Don 的車禍後復健歷程，以文字、影片配合音樂，以及祝福郭教練的話，製作了一段三分多鐘的影片，當天不只讓許多人流下了感動的眼淚，也讓大家為自己的參與賦予意義。當然，要製作出一段好影片還是得花心思、花時間的！

運用影片的注意事項

教學時輔以影片，似乎都有很好的學習成效。但是在運用影

片教學法時，我還是要給大家三個重要的提醒：

一、影片要短不要長

每段影片的時間，應該是要短短的，三～五分鐘很好，越接近十分鐘就越應該思考一下能否分段；如果影片長度超過十分鐘，那一定要有特別的理由！因為影片一長學生就容易分神，特別是當現場亮度調暗時……，還真的是蠻好入眠的！所以，要仔細切割好影片，寧願切短一點再分段播，都不要一次播一長段！

二、影片請嵌入自動播放並測試

所有預定要播的影片，都應該先剪輯好開始的段落，並且嵌入投影片中，設定好切換到那張投影片時就會自動播放影片！之後如果按下一頁，影片就會自動停止。不要在播影片時，還得先跳出投影模式，然後再手忙腳亂地按下播放鍵！這一部分，是在影片教學時一定要注意的細節。

然後，永遠記得先測試影片：能不能播放？（特別是換到別台電腦之後。）有沒有聲音？（有接音源線或喇叭嗎？）永遠記得先測試好，才能讓影片教學發揮最好的效果。

另外，如果你的影片是存放在網路上……那我就只能祝你幸運了；因為會有太多的變數，讓這段影片屆時無法順利播放！（有聽過「莫非定律」嗎？）建議你還是先把影片抓下來，內嵌進去投影片，加入自動播放效果，並且先做好測試，才能萬無一失。

三、影片只是輔助，教學才是重點

一定要記住：影片是為了教學而存在！不要把教室變成電影

欣賞會，重點是在播放影片前的教學，以及觀賞影片後的討論。要設計好你的教學法，先把這些想過一遍：學生可以從影片學到什麼？觀察到什麼？模仿到什麼？會有什麼感動？一定要帶著教學的目的，仔細規劃好影片使用，才是影片教學法真正的用途。

總之，影片是教學的輔助，不是用來取代教學本身！如果教學就只是放影片，那為什麼學生不只是在家看就好？而要來教室看呢？這是每位老師在使用影片法前，都必須先想清楚的地方。

有投資，才會有報酬

利用影片法進行教學，也是職業選手經常使用的秘技之一。當然好的影片不好找，自己拍攝或製作影片也要花一點時間，但是，一旦挑對了或製作好一段影片後，未來很長的一段時間教學生都可以使用！學員的學習印象也會非常深刻，可以說是教學投資報酬率很高的一種雙贏方法！

同樣在「不放手」的演講專案，我也大量使用短片，呈現出我當初在進行鐵人訓練的狀況，像是戴著呼吸管訓練游泳、請教練進行單車踩踏訓練、呈現與神隊友比賽當天衝向終點的畫面，都是用手機拍攝、留存下來的珍貴紀錄。而我也不是單純播放影片，而是用這些影片當成教學素材，包含觀察影片找答案，或是口語說明後的示範。雖然大家不見得練習過鐵人三項，但是透過影片人人都能有如身歷其境，完全感受我想表達的重點，也更有學習的效果。

下一次，也拿起你的手機，拍下你的教學影片吧？

4-9 個案討論與情境模擬

在真實世界中，學習與犯錯的代價有時候真的太高！那麼，有沒有可能在教室中先模擬？先思考？先判斷？先模擬決策，再來跟真實世界做個比對？不管決策判斷好或壞，至少在教室裡不會受到傷害，而且也是絕佳的學習！

這種模擬，其實就是「個案討論法」的核心精神。

如果讓你來經營這家咖啡店……

我們先來呈現一個場景：一開始上課老師就發給每位學員一張 A4 紙，上面描述了一家咖啡店經營的個案情境：

喝咖啡是浪漫的，但咖啡店經營卻一點也不浪漫。國內外及便利超商咖啡大軍的優勢武力，加上鄰近區域同性質競爭者的對抗，個人化咖啡店的經營失敗、倒店比例相當高。一間開在台北市民生商圈辦公大樓的咖啡店，就面臨了激烈的紅海競爭。你覺得，這家咖啡店的經營若要成功，應該用什麼策略吸引顧客？又如何善用網路工具呢？

看完個案後，老師請同學們先交互討論三分鐘，然後開始請大家舉手發表意見。

一開始，先是有人提出發送促銷折扣券的方法。老師隨機點了另一位同學問：「你同意他的說法嗎？」在這位同學搖頭表示不同意後，老師接著問：「為什麼不同意？你的想法是……？」原來這位同學認為折扣券人人會發，使用的頻率既不高，還會傷害毛利。接下來又有人談到 FB 廣告，馬上有同學分享他先前操作 FB 廣告的做法；當然了，也有同學提到咖啡店的訂價策略及店內管理……。

一陣討論後，老師便試著把焦點拉回「網路行銷」的主題，要大家先聚焦在行銷手法的不同操作上。等到討論得差不多後，老師整理了一下大家的討論內容，才和同學分享一個訊息——個案中的這間咖啡店，其實就是位於台北市、知名的果子咖啡店。接著向同學解釋，果子咖啡店當初是怎麼利用社群媒體，結合在地農產品，成功進行了虛實整合行銷的！

「想不到，開一間咖啡店真的很不簡單啊……」許多同學的臉上，都不禁流露出這樣的神情。

個案教學的三個關鍵

上面呈現的，就是一個簡易的個案討論式教學（Case Study），引用的個案內容，是我自己 2011 年被收錄在 TSSCI 期刊《中山管理評論》的個案論文〈咖啡店經營轉型與創新行銷——果子咖啡個案〉（作者：王永福、陳純德教授、方國定教授，再次感謝果子咖啡創辦人許富凱學長的協助），這篇論文後來也得到了 2011年「最佳教學個案獎」。剛剛我簡單把個案稍微濃縮一下，讓大

家了解個案討論大概是怎麼進行的。

　　要帶好個案討論教學，當然也是一門學問。從哈佛商學院開始，現在許多大學 MBA、法律、醫療……等不同科系，都經常利用個案討論式的教學，甚至有許多教授還必須到國外進修如何教好個案討論；而好的個案討論，從事前的個案挑選、課前的個案閱讀、課中的討論引導，以及最後的個案學習總結，處處都是學問。

　　只是，如果你是企業講師，或一般校園的老師，真的也能把個案討論法用在教學上嗎？

　　當然可以！只要掌握住以下三個關鍵，你就能在企業或學校中，輕鬆利用簡易版的個案討論法來輔助教學：

一、模擬真實個案的情境

　　個案討論的基礎，當然就是個案！個案最好是真實的，但是可以把個案裡面的一些名稱——如人名、公司名——稍微改編一下，讓台下不要在一開始討論時就已經知道結局。譬如說，你可以挑一個代理商與經銷商因為產品專利而起爭議的例子（譬如之前的環保杯眾籌案），請大家討論「如何保護智慧財產權？」「合約應該怎麼簽訂？」；你也可以挑一個病人的案例，在保護當事人隱私的條件下，呈現他的病徵，請台下對他進行診斷與後續處置（如果是醫療相關課題）；你也可以假想要推出一個新產品，請大家討論接下來的訂價策略或行銷策略；當然了，你也可以提出一個品管不良的個案，請大家思考有哪些可能改善的方向。

　　個案本身可長可短，但如果無法先讓學員事前閱讀，只能在課堂中匆匆看過（或只聽老師口述）就進行討論，個案本身最好

短而濃縮，但能呈現出必要的資訊或關鍵狀況，至少讓情境感覺像真的，才能方便學生入戲，這樣在討論起來才會更有動力。如果個案無法縮短，那就最好印成書面，或上課之前便發送給學員，讓大家有時間可以提早消化，做些準備，上課時才能有更好的討論品質。

二、討論本身就是學習，重點在引導及規劃

引導討論，是個案討論教學的精華所在。個案討論是老師要留著答案不說，透過發問讓學生說出想法；一般來說，哪些想法有可能一開始……就是錯的！即便如此，這時老師還是不能公布答案，而是繼續透過提問的方式，請大家思考還有沒有別的可能性（相信我，一直忍住不說有時對老師很有挑戰性）。

就算已有學員提出正確的答案，老師也應該引導大家思考更廣的面向，或是刺激大家挑戰這個答案還有什麼缺點或不足之處，讓大家在不同的討論中有更多樣的學習。

當然了，老師也可以把個案討論變形一下，先讓大家以小組討論的方式進行討論後，把結論寫在壁報紙上，然後再請小組上台發表。甚至也可以引導成正、反兩面，要大家提出一些不同意見再彼此辯論。或是結合演練，請學生演出模擬情境，並把心中的解法在現場演練出來……。

討論的過程，以及後來的追問及質疑，會刺激出個案討論的不同火花；因此，身為老師的你，最好事先就想像一下提問的流程及方法，才能讓個案討論變得更精彩。

三、整理討論重點，公布解答

討論或辯論本身當然不是目的，真正的核心，在於學員能從個案中學到什麼。所以，當討論接近尾聲時，老師就要進行重點的收斂，最好還能公布解答。

這裡所謂的解答，就是個案討論對象在真實世界後來發生什麼事；讓學生知道，大家討論的結果，究竟與真實世界的後續發展是接近的？還是有落差？真實個案最後是因此成功了還是失敗了？

如果學生能在討論的過程中就精準命中真實世界後來的發展，那表示學生在某部分是具有很好的能力；但如果討論與答案有點落差，反而更是學習的好機會！這時的討論重點就應該是：為什麼結論不同？模擬決策及真實狀況出現了哪些差異？未來我們應該怎麼改進思考方式？重點從來不是答對或答錯，而是過程中有什麼可以學習的地方。

個案討論的價值

我曾經聆聽過急診醫師楊坤仁先生教的醫療糾紛與法律課程。在那堂課裡，他先提供一個模擬病人的狀況：有一位病人走進急診室，跟你說他胸悶不舒服、冒冷汗、有點喘不過氣……；然後再問台下的醫師：「你們會下什麼診斷？會請病人做哪些檢查？會怎麼寫診斷書？」

在請大家討論與發表意見後，楊醫師說，剛才個案中的那個病人，一走出急診室門口就倒了下來……接下來馬上又送回急診室急救……。原來這是他真實遇到的病人例子！之後還引發了一些法律糾紛，聽得大家冷汗直流，這個時候回頭檢視，才發現

學員在討論及模擬處置的過程中，出現了許多盲點。雖然我不是專業的醫療人員，可是在上過那堂課整整一年之後，我都還記得討論過程的轉折，以及有哪些特別的學習點。

最近我也看到，好朋友林明樟（MJ）老師開始整理生活中接觸到的商業個案，運用那些個案來教導兒子商業思維。譬如說，最近的一篇討論的是：如果機車店燈光昏暗，會對生意有什麼影響？又該如何從成本思維轉到價值思維，花必要的錢來賺更多的錢？在他與兒子一問一答的過程中，商業的智慧就一點一滴建立在年輕人的腦中。雖然過程麻煩了點，但比起單純的說教或上課，絕對更有價值！

個案討論的價值，就是透過這些不同的情境模擬，讓大家不必到真實的環境中，也能先無風險地做出一些分析、判斷與決策，討論的過程也多少能夠反應真實世界的狀況——真實世界中，決策資訊本來就有限，答案也從來不那麼清楚明白。只要能藉此鍛鍊學生的思考力與判斷力，最終揭露真實解答時，不管學生討論的答案接近與否，都會是一個很好的學習過程。

反過來說，從個案的設計、中間引導討論的功力、對討論方向的預期、對開放討論的收斂，乃至最終帶領的學習，都可能是老師自己必需的修練。其中最大的挑戰，就是要忍住不說，讓學生自己發現問題或發現答案。更有經驗的老師，還會設計一些兩難式的問題，讓大家挑東也不是、選西也不行（比如哈佛大學的正義課）；而這正是因為，「個案討論」的重點從來就不是解答，而是思考個案的過程中那些學習收穫。

個案討論可深可淺，今天起，有機會時你不妨想一想，過去曾經遇到過哪些真實的情境，在決策過程中必須考慮再三，最後

如何得出柳暗花明的高明決策。把這些個案稍微改寫一下，就可以提供給學習者討論。

應用心得分享

職業級講師的堅持

2015 年百大 MVP 經理人、《經理人》月刊專欄作者、
企業內訓講師　葉偉懿

對於教學者而言，我認為最容易改變且能最快速呈現專業的地方，就是從環境調整開始，我在福哥的簡報課程中，親眼看著福哥爬上椅子親手拿下燈泡，就只為了讓學員能夠在燈光合適的狀況下，進入教學課程中，而當時的我還僅是記得燈光開關如何切換而已。單就這貼心行為不難看出福哥對於細節的在乎程度，當然課程結束後仍不忘了把燈泡裝回去。在課程結束頒獎、拍照完之後，福哥帶著暖暖的微笑，且有技巧地讓教室充滿著事先就設定好的輕快音樂，更讓我深感佩服，這就是對課程成效負全責的態度。

對於講者而言，扣除現場所有限制，有意識地把整個環境、空間調整到最合適的狀態，絕對是職業級講者的職責，這點也讓我懂得為了堅持教學品質，有必要在課程前就說服現場行政人員，協助我將麥克風更換成無線，以及把現場ㄇ字型的桌椅調整成分組的桌型，以及添購攜帶型喇叭來預防設備上可能出現的任何狀況。

我在大型外商及上市公司內服務過，聽過不少講者到企業內授課，講者實務經驗與涉獵廣度、深度各有不同，但是在教學法上面的呈現，就可以看出講者對於教學技巧的投入程度，個人歸納出三點重要的教學關鍵：

一、規劃好合宜的開場並建立課程規範

別讓自己輸在起跑點，開場頭幾分鐘學員就已經對講者打完分數，藉此來決定等一下應該要先完成手邊工作，還是專注於今天的教學內容。更別忘了人們的專注力有限，學員只想確認講者夠資格且能給予學員幫助即可，太過於冗長或是吹捧的自我介紹，會讓學員失去耐性。然後有必要與學員建立有彈性的規範，例如鼓勵舉手搶答及準時入座給予獎勵，約束手機使用，避免課程被干擾或是不斷地需要像幼稚園老師一樣維持秩序，直接影響到課程運行的流暢度。

二、教學法的挑選運用

在教學過程中，學員在乎的就是「學會如何持續有效地解決該議題的能力」，因為道理人人會講，有效的方法難得。長時間運用講授法上課，顯得枯燥無味，且單靠笑話撐場，難登大雅之堂。一直分組討論，但看不到講者對於小組討論出來的內容給予深度剖析、評論或是總結，實為可惜。倘若僅是帶完小組討論，會讓授課單位覺得講者在混時間，讓小組討論的價值瞬間蕩然無存，甚至因此讓企業邀課時提出，請講者不要分組討論，直接經驗分享即可的情況。這對講者而言就顯得綁手綁腳，因為只有職業級講師自己清楚，該議題應該用何種教學法來講授最能詮釋。

三、具有深度內容的小組討論

我個人在擔任講者時，偏好運用小組討論來補強理論與實務觀點之間的落差。運用小組討論有幾點須注意的：

第一、明確的題目範疇。至少讓學員清楚題目內容，這樣才能小組都動起來，同時邀請小組長（或資深同仁）引導大家進行討論。

第二、題目深淺適中，搭配合適的討論時間。試想，當講者說小組討論十五分鐘時，似乎也給出一個空間，讓學員有機會出去上一下洗手間或是滑一下手機。利用時間倒數來壓縮討論，同時告知等一下分組報告的規則，用意都是讓小組成員知道小組討論的內容，避免學員事不關己的反應。甚至小組討論完之後，再讓大家進到休

息時間，讓落後的組別有機會補上進度。

第三、報告時充分運用三明治回饋法。讓學員感受到安全，不會被恥笑。若是小組組數多時，則必須控制好報告時間，同時由講者手持麥克風主導報告時間，避免學員忘情分享而讓課程超時，更可以隨時拉回來提問，甚至反扣回前面小組的報告分享內容，讓小組討論變成整個教室的討論。總而言之，帶領好的小組討論，就能激盪出值得探討的議題。

各位讀者朋友，此刻我已經開始這樣做了，也期待更多讀者朋友能夠參酌運用。

應用心得分享

身為醫師也要會的教學技術

馬偕醫院胸腔內科醫師　湯硯翔

最近我們醫院在推行「Resident as Teacher」，讓年輕的住院醫師擔任臨床老師，指導更為年輕的實習醫學生以及剛畢業的醫師，而富有經驗的主治醫師則在一旁擔任教練。參加了幾場這樣的教學後，在年輕住院醫師身上，我看到了自己以前的樣子。

身為老師，總是想將豐富的資料及自身經驗，全數塞到學生的小腦袋裡。但就像電腦一下子處理太多資訊會當機一般：學生輕則滑手機，嚴重起來就關機！

於是我參加了許多課程，甚至飛到哈佛醫學院參加「Advanced Teaching Skills workshop」，就是要學些不讓學生睡著且讓學習更有效率的「教學的技術」。

問答法

這當中，我覺得最重要且最容易上手的技術是「問答法」，適

合在不同人數的教學場景。當老師拋出問題時，既能提升學生的注意力，同時也可以刺激學生思考，一舉數得。不過在教學現場最常見的情況是——學生都不會主動回答。原因有很多，像是不知道答案、害怕出糗，或是害羞……。

然而只要教學者好好設計問題，就可以解決這冷場的狀況。如何設計呢？只要遵循「從簡單到困難」，「從客觀、主觀，到邏輯思考比較」這兩個法則即可。例如不要一開始就問：「這個病人到底怎麼了？」這樣學生會不知道從何說起。可以將問句改成：「你觀察到這個病人什麼症狀？」「這些症狀可能是哪個器官的疾病？」「為什麼是這個器官的疾病？還有其他可能嗎？」這樣的問句設計，既讓學生很容易回答，而且這些問句的順序也正是我們看病的邏輯順序啊！藉由設計過的問句引導，就能讓學生整合並運用自己腦中已存在的知識！

小組討論

除了問答法外，「小組討論」也是很實用的教學技術。藉由討論的方式，可以刺激學生從不同方向觀察及思考問題，而且大家一起解題，成就感會加倍！身為老師，我們要做的就是選擇真的可以討論的題目，例如「下一步我們可以怎樣治療病人？」「該怎麼跟病人及家屬解釋目前的狀況？」當題目選得好的時候，往往學生會討論得非常熱烈，甚至會聽見許多我們沒想到的答案！不過身為老師的我們，此時也要注意並引導小組討論的進行，不要讓學生變成漫無目的的聊天了。

很多人會說：「教學最重要的是內容，其他細枝末節的都不重要。」沒錯，教學內容真的很重要，所以我們應該要好好充實知識內涵，規劃我們的教學內容。但如果在內容之外，老師能更有效地傳遞知識，利用問句引導學生做更多的思考，利用討論產生多元學習，這樣不是更好嗎？

我在增進自己教學的技術後，在課堂中可以明顯感覺學生的變化。他們開始願意開口回答問題，與我有互動。而最重要的是，我

發現其實他們懂得很多，遠比我們老師想像得還多，只要我們好好引導，就可以看見一顆顆閃耀的鑽石。

應用心得分享

從授課、經營管理，到傳播理念、創造影響力

台灣潛水執行長 陳琦恩

我教潛水的時候常說：「練習才會自在，自在才會享受。」

第一次遇見福哥是在「專業簡報力」的教室，後來福哥跟 MJ 老師多次來到恆春潛水。在為他們兩人上進階潛水課的時候，我想我不能用一般單向的講述去教這兩位老師，而是要設計不同的教學方式帶領他們認識潛水，而且必須符合「老師說得越少，學生學得越多」的原則。因此，我只給大方向的潛水計畫和必要的教學動作，此外就讓他們自行規劃屬於他們的潛水計畫。我知道，如此才有可能挖坑讓他們自己跳進去，我只要從旁適時點出錯誤，他們就會理解原來這樣是不行的，而不是直接給正確答案，有時適時推坑是必要的。

從不會到會可以透過刻意練習，身為教練我們都會要求學生多多累積氣瓶數量，讓自己多點經驗，從教學的角度去看這件事情還稍嫌不夠，因為還要加上 AAR（After Action Review），才能夠讓學員不懂不會不強的地方得到補足補強。

「講私塾」對我而言是重要的學習，我因此改變了自己，改變了台灣潛水。課程一開始提到教學最重要的五個步驟：「事前準備，我說給你聽，我做給你看，換你做做看，成效追蹤。」

我以前在指導教練班的時候，大部分是根據投影片進行，有點像是把課上完，讓學生可以考過教練而已。

從講私塾回來後，我先執行第一個步驟「事前準備」，立馬把所有的投影片改掉，因為我看到了真正的教學，怎麼可以容忍自己還

用舊式的教法呢！教學必須有自己的靈魂，我很開心自己砍掉重練。

在經營公司上，我用了第二個步驟「我說給你聽」，我不斷向所有同仁傳達公司願景和使命──「將海洋帶入你的生活」，讓同仁了解我想要傳遞的訊息，這需要不斷地溝通，溝通一次不行那就溝通兩次、三次。

然而，說得多不如做得多，接下來就是第三個步驟「我做給你看」身教的重要性。例如在剛開始推動守護海洋的「減塑」行動時，其實公司同仁也不是完全接受，我就從自己開始，努力避免使用免洗杯、免洗筷、塑膠袋，唯有如此才能讓大家相信我是認真的。

經營公司也有一段時間了，深深體會到團隊的重要性，舞台的建立便成為這個階段的課題，也就是第四個步驟「換你做做看」。給年輕夥伴更大的空間與機會去執行他們想做的事情，讓他們根據已有的專業盡情嘗試與發揮，就像何飛鵬社長講的：「快快做，快快錯，快快改，快快對。」

而這一切都會記錄下來，這就是第五個步驟「成效追蹤」，保留好的成果與經驗，分析並改正錯誤，公司與個人才有機會越來越好。

身為潛水教練、潛水課程總監與公司經營者，「教學的技術」讓我有更大的影響力，從指導技術、經營管理，甚至到傳播理念，讓更多人重視海洋環境議題。如果你也有目標想要去完成，「教學的技術」能夠幫助你更有系統地去影響更多人。

應用心得分享

有方法，有態度，讓沉悶的專業課程變熱門

門諾醫院專科護理師　蘇柔如

因著醫院發展部主任竟堯（一哥）在簡報上優異的表現，而接觸了憲福育創，有機會參與了許多跟教學有關的課程──「專業簡

報力」「教出好幫手」及「教學工作坊」，之後對教學開始有了興趣。

但上完課的我，大多還是扮演著輔助課程的角色，仍僅止於「看」，而非「做」。有了幾次協助辦課程的經驗後，某次院內主管對我說：「這課程你都跟這麼久了，是該自己上台當講師，不然不會進步。」就這樣，原本對此有些抗拒的我，接受了挑戰站上講台。

第一次上台授課的經驗就充滿挫折，前一小時由一哥炒熱的氣氛，換到我的時候，在下一秒陷入冰冷、靜悄悄的尷尬，我以賣力的問答開始，卻是尷尬的自問自答結束。在課後回饋中，學員反應我講的部分太難，聽不懂。當時很受挫，我希望能夠讓大家有收穫，但我該怎麼調整？

就這樣我參加了福哥「教學的技術」的課程，課程精彩度就不在此說明了（有興趣的人可以自行搜尋），即便是上了許多教學相關課程的我，還是在這堂課中眼界大開。

原來技巧手法很多，而我之前只著重於自己想陳述的內容，忽略了可以使用教學手法讓學員更容易且更快理解。回到院內，我主動請學術組讓我有機會幫大家上課，因為只有上台才知道我是否能學以致用。這次我打掉重練，從一開始課程規劃設計（內容聚焦）、課前作業（基礎內容讓學員在課前先行準備），到上課當天運用了從「教學的技術」課程中學到的——開場、教室管理、分組、各種教學法，以及遊戲化、教具的使用等等。

藉由教學技術的轉化，讓沉悶的專業課程，變成了有趣、有互動、討論熱絡的院內熱門課程。印象深刻的是某位在醫院帶實習的臨床老師的回饋，課後他對我說：「這堂課我在學校聽了幾次，感覺很難懂，但今天整個概念都釐清了，我覺得你上的比學校老師還要好。」沒想到只是加入一些教學手法，就讓學員有不同感受。

漸漸的，從二十分鐘的短講課程，到獨自完成一至兩小時的授課，這個過程我走得慢，但平穩的腳步能邁向偉大的行程。「教學」是一門可以拆解的技術，可以藉由學習得到好的成效，這是「教學的技術」教會我的事；「態度」則是讓教學變得有靈魂的關鍵，從頂尖選手福哥的身體力行中，我學到了職人姿態。

5

遊戲化翻轉課堂

5-1　如何激發參與動機？

　　很多老師在學習教學技術時，第一個卡關的地方就是「沒有用啦！我設計的教學活動學生都不參與！」「每次我問學生什麼，他們都動也不動，默默的看著我。」「小組討論？大家也沒在討論啊！很多都在聊天，就算上台也是隨便發表一下，然後就草草下台了。」……我相信，這是許多老師／講師們在台上會遇到的大挑戰！

　　同樣的，這也是企業訓練最常遇到的問題！別以為職業講師因為有名或酬勞高，所以學員的配合度就一定比較高，這是不可能的！其實不管走到哪裡，學員上課前的態度都是差不多的，總有80％以上，對接下來一天的課程採取中性或是防衛的態度。許多負責訓練的 HR 都會先跟我打個招呼，「我們工程師比較悶，請老師見諒……」「高階主管們不習慣上課互動，比較喜歡聽講，請老師配合……」這些理由我都經常聽到，但等到我們的課程開始啟動，大家的表現會完全變了一個樣子，不僅主動舉手，還爭先上台！連 HR 也驚訝：「他們以前不是這樣的！老師您到底施了什麼魔法？」

　　這個魔法，就是「遊戲化」！

企業內訓職業講師的日常

之前因為寫博士論文的關係，有機會在課前訪談了不同企業的學員，詢問他們上課前的真實感受，許多學員告訴我：

「最近很忙，手邊的事都做不完了，還要上課？」（一邊想一邊打開筆電。）

「這個老師是誰？今天要上什麼課？」（一邊想一邊翻看講義。）

「我做錯什麼事了嗎？為什麼要被指派來上課？」（一邊想一邊雙手抱胸或垂頭喪氣。）

「待會找一個好一點的位置，才不會被老師點到。」（一邊想一邊找教室後面的位子。）

「不要惹我，我心情不好！」（一邊想一邊看著教室外。）

更不要說，很多高科技大廠的工程師，日常調性本就以冰冷為主（冷靜？冷酷？），上課一開始那股「肅殺」、「沉重」的氣氛，有時還會讓台上比較沒經驗的講師禁不住打寒顫！也就是說：上課一開始沒什麼反應的學員，才是我們職業講師每天接觸的日常！反過來說，公開班的學員反應大部分都很熱烈，因為大家都是自己花錢來報名的！因此對職業講師而言，公開班其實像是度假一樣。（這是有點誇張的說法，公開班還是有許多不同的挑戰啊！）

如果您還是無法想像，更直白一點說，如果坐在台下盯著你看的，全是上市公司的處長、經理，轄下管理上百人、負責數十億業績，你覺得他有什麼意願或動機要聽你講課？要配合你的教學活動？不妨檢查一下：你手邊有什麼武器呢？扣分？當掉？你甚至連主場優勢都沒有！

如果是學校的老師，面對在學的學生，情況就會比較好嗎？學校上課當然與企業上課不同，但是我覺得挑戰是相同的。遇到沒有學習動機的學生，或是一開始就呈現趴下狀態，或是低頭吃便當、滑手機，或是心不在課業，只求低分飛過的年輕學子，這樣的教學環境也絕對不簡單。而且學校有更多不容易傳授的通識或專業科目，面對這樣的教學現場，說不定有更大的困難要去克服。過去我也曾在學校教過課，完全能理解這是什麼樣的情形。

說這些並不是要給你什麼當頭棒喝，只是想真實呈現老師們每次在教學現場，不管是企業或是學校，都是一個有難度的挑戰。這時，如何透過遊戲化轉變現場的學習狀態，把學生從沉悶中喚醒，甚至讓他們樂在其中，就是教學高手真正的 Know-How ！有真材實料的教學高手，會透過一些簡單的機制安排：在教學現場融入遊戲化元素，引導學員在不知不覺中全神貫注、全心投入。這些手法及機制安排，我稱之為「教學遊戲化」。

遊戲化不等於遊戲

透過遊戲化的過程，上述幾個困難的現場，會變成以下的場景：

當我問「請問哪一組要先上台」時，台下會瞬間舉起許多隻手，搶著上台！

當我問「請問你的看法是……」，350 人的大型演講現場，會有幾十個人都舉起手來！

當我一說「請大家準備十分鐘後上台」，現場再也沒人說話，大家都開始瘋狂準備！

當我宣布完規則，參與課程的長官就對小組同仁說：「我們

一定要拿到第一名！」（學員壓力變得超大。）

這一切，都是在應用了課程遊戲化技巧之後，很快就會看到的教學現場轉變！

「遊戲化」指的是：在非遊戲的領域應用遊戲的核心元素，藉以強化參與動機，並讓使用者有更好的表現；因此，遊戲化不等於遊戲、也不等於電腦軟體、也不是模擬式遊戲。而所謂「教學遊戲化」，當然就是把遊戲化的元素應用在教學環境上面。

常見的遊戲化元素，簡稱為 P、B、L，也就是積分（Point）、徽章（Badges）、排行榜（Leaderboards）。當然進一步還可以細分為八大核心（《遊戲化實戰全書》〔Actionable Gamification〕之八角理論）。由於我們並不是要進行學術研究，這裡就只簡單提一下遊戲化的背景，不深入探討學理基礎。對遊戲化的定義想進一步了解，可參閱相關學術研究論文（如 Deterding, Khaled, Nacke, & Dixon, 2011; Huotari & Hamari, 2012），或英文維基百科 Gamification 的相關說明。

真正的重點是：遊戲化其實是從實務而來的啊！從 2010 年的 Foursquare 打卡 APP 出現，才開始廣受討論，因此興起了一些遊戲化的理論架構與相關研究。但是，在教學上的應用要比它更早許多，只是那時不叫「遊戲化」，而叫「團隊動力操作」。由於「遊戲化」可以簡單說明我們在教學時所用的激勵技巧，所以才稱為「教學遊戲化」。

那麼，遊戲化要怎麼操作呢？很多事情看起來很簡單，但要做得好卻絕不簡單！覺得簡單的人，不妨先試著猜一下：在教學遊戲化中，哪些是最重要的核心呢？（例如計分機制？）或是換一個角度：哪些事情不做的話，課程遊戲化就可能會失敗呢？

遊戲化不是團康化

「教學的技術」在過去也辦過幾次實體課程及工作坊，得到參與老師們的高度評價，我自己也在過程中有很多學習。記得一次下課時間，有一位老師問我：「分組活動時，小組需要取隊名嗎？需要有隊呼嗎？到齊時需要大家一起舉手喊到齊嗎？需要彼此加油擁抱鼓勵嗎？」

這些問題都很好，那個瞬間，我回想起大專參加救國團活動（中橫健行、溪阿縱走）時，大家會組小隊、取隊名隊呼，然後集合時會一起說「某某小隊，到齊」。那個回憶很鮮明、也很美好。

但是，企業內訓畢竟不是戶外活動！我先前就提過：正常的企業內訓開始時，氣氛大多是冰冷的，台上台下的互動十分薄弱。如果一開始就強力操作團康式的氣氛炒作，不管是隊呼隊名，或大家一起集合大喊口號，我很難想像開場時會變成什麼樣子。（當然，體驗式課程或戶外活動式課程的探索教育〔PA, Project Adventure〕除外！）

如果在一開始帶入團康的模式，可能大家還是會配合一下，簡單喊個一兩聲，但心裡面不排除會懷疑：這個課程是在幹什麼啊？也有許多老師會在開場時用大聲問候來「吵」熱氣氛，例如問候「大家早」，然後接著說學員太小聲了、沒精神，再一次「大家早」（中度聲量），然後一定會再說一次最大聲的「大家早！」

問題是，這樣大約就只有十秒的效果吧？就只有前面一開始時 high 一下，很快就又虛掉了。而且萬一學員不想配合，每一次回應老師的問候都小小聲（相信我，真的會！），那這時就真的尷尬了！

提高參與和競爭

　　所以，在教學的過程中，當然可以設計很多遊戲化的要素，讓課程變得更生動有趣，學員也更願意參與，但是遊戲化不等於團康化。

　　你可以把課程設計得更有參與性和競爭性，也可以讓大家以小組團隊參與，卻不一定需要隊名、隊呼或舉手喊叫。當你看到高科技宅男工程師們沉默卻很認真地準備課程的演練，或是為自己的小組爭取分數的榮譽時，你就會發現：其實讓課程更有吸引力、更有動力的核心不是團康活動，而是遊戲化的三大核心：P、B、L。

5-2 遊戲化核心元素之一：
積分（P）

　　把遊戲的核心元素應用在非遊戲環境中，提高使用者的參與意願、激勵投入，甚至增加績效，這就是「遊戲化」。我們不妨回頭想想，從小到大玩過很多不同的遊戲，不管是電視遊戲器、電腦遊戲、線上遊戲，或大型的遊戲機，從超級瑪利玩到暗黑破壞神，從棒球遊戲打到 NBA 2K，不管遊戲的類型是什麼，它們之間一定有些共同的核心要素。第一件事，就是把這些核心要素找出來！

　　已經有許多相關的學術研究，為我們提煉出遊戲化的核心元素。根據《遊戲化實戰全書》的說明，遊戲化有三大核心元素 P、B、L，指的就是三個英文單字的縮寫 —— 積分（Point）、徽章（Badge）、排行榜（Leaderboard）。不過基於實務操作的經驗，我想把徽章改為獎勵（Benefit），所以**福哥版的遊戲化 P、B、L，就是積分、獎勵、排行榜。**

　　這一節要談的就是 —— 積分。

宅男工程師也抵擋不了的魔力

　　你一定在想：「企業的教育訓練課程，真的可以結合遊戲化

嗎？」許多企業內訓不僅內容專業，學員更是專業，面對那樣一群企業主管，遊戲化真的能夠影響他們、增加他們的參與度及投入意願嗎？答案當然是：Yes！

　　沒有親身經歷，你可能無法相信：一個上市公司的副總，會因為一個積木小禮物（表現最好的小組可以獲得），在課程一開始就對同組的處長與經理們說：「大家要加油，我希望把這個積木帶回家給兒子玩！」（當場同組同仁的壓力指數就直線上升，我看了都想笑。）你也很難相信，HR 說他們的工程師上課總是氣氛沉悶，卻會為了爭取加分的機會，瘋狂舉手搶破頭。然後在每堂課的下課時間，總是會有小組到計分板前關心最新的戰況（所以公平計分很重要）。學員們的這些表現完全超乎 HR 的想像，所以他們總是會問我：「老師，您有施展什麼魔法嗎？為什麼我們公司的工程師，會瞬間變成這麼投入？參與度這麼高？」

學員會爭先恐後搶上台？

　　遊戲化的第一個基礎，就是計分機制。學員的每個回答、每個參與、每個表現，都可以得到積分獎勵。例如：舉手回答加 1000 分，小組優先上台加 5000 分，演練計票第一名加 20000 分……，這類的機制。

　　你一定會想：「這樣真的有用嗎？企業學員又不是小學生？」我還是老話一句：「沒有親身經歷，你無法想像遊戲化的威力。」就以優先上台加 5000 分這件事來舉例說明，只要第一個上台就加 5000，第二個加 4000，然後依序遞減，然後每當我一問：「請問哪一組要先上台？」不管你信不信，經常是我話都還沒說完，台下已經唰的一聲，很多人手都舉起來了！（HR 則一臉不敢置信

──這是我們的學員嗎？怎麼可能？）沒有計分機制時，大家都你推我拖不願上台；一採用計分機制，馬上變得爭先恐後搶上台！

計分的方法有很多種，從最簡單的請小組自己計分（有時會出現亂計或計錯的問題）、助理計分（助理比較忙但效果好）、小組輪流計分（每堂只有一個人負責計算全班，公平性好、問題少），或是直接用實體計分物品：如撲克牌、假錢或籌碼（但要考量如何發得順暢、統計總量）。

當然，積分的操作還是有些注意事項，譬如有表現就有分數（鼓勵參與，不管答案對不對，或表現好不好）、只加分不扣分（懲罰無助於更好的表現）、老師對加分要有公平的標準（遊戲公平才好玩）、要有差異式計分（越難的題目或挑戰，分數越高）……；除此之外，老師的視線也要寬廣一點，讓每個人、每個小組都有加分的機會。

好戲開鑼，精彩的在後頭

看到這裡，你心裡一定存有一個疑惑：學員上課時爭取的這些積分，究竟是用來做什麼啊？

積分當然不是白給的，必須附帶實質的好處；這就是遊戲化的第二個核心：獎勵。

5-3　遊戲化核心元素之二：獎勵（B）

先說句題外話，其實還有另一個也應用在教學中的 PBL，Problem-Based Learning（以問題為基礎，簡稱 PBL）的教學方法，同樣經常納入教學相關的研究之中，大量應用在個案教學、商管、醫學等教育上。這個可以參考我們前一章談的個案教學法，或是之後會談到的建構主義教學理論，在此先不討論。

上一節談了 P（也就是積分）的規劃方式，包含分數的計算及操作的細節；本節要討論的就是 B（獎勵）的操作。

你會想當公司裡的「白金好學生」嗎？

遊戲化的一些研究中，B 原指的其實是 Badge，也就是「徽章」的意思。這是因為，早期的遊戲化應用如 Foursquare 打卡遊戲，不同的打卡時間會有不同的徽章，而許多遊戲也有升級制度，譬如等級從鐵騎士→銀騎士→金騎士→白金騎士。之前也真的有人去研究，把這樣的徽章機制應用到課堂教學上，規劃一些虛擬級數，表現好／發言多／作業佳的同學就可以累積分數，然後不斷晉級，例如：銀級好學生→金級好學生→白金好學生。只不過，研究者實驗後得到的結論卻是：「徽章制度與學生的表現，兩者

之間沒有顯著影響……。」

看到這個研究結果時，我忍不住笑了出來，這個研究也太有趣了！在教學現場應用徽章制，當然是沒用的啊！想看看，企業學員或在校學生，會希望上完某堂課後，從此在公司被喚作「白金好學生」或甚至「白金騎士」嗎？

真正有用的不是徽章，而是獎勵；而且，獎勵不用大，只要能誘發學員投入，讓大家會想要就好。

我經常用的第一名獎勵是積木疊疊樂，體積中等，原木材質的質感也很不錯；第二名我則會找一個有所區隔的禮物，像是七巧板或小玩具。有時，我也會以金莎巧克力來代替（盒裝的更好），之前也曾用過零食包（好幾包零食裝在一起，看起來很有分量）、書本（自己寫的或好朋友寫的都送過）或雜誌。

同是職業講師的好友中，有人用過台灣特產（去大陸上課時用）、真皮筆記本（超有質感，但成本也高），甚至還有講師使用無形的禮物——例如跟講師合照或加入講師的粉絲團（講師很紅或很帥才有用）、受邀至節目或電台接受訪談（不是每個講師都有這種資源），甚至獲得講師單獨咨詢或指導的機會（有點像與巴菲特吃飯的模式）。方法各式各樣，只要能引發學員想要，就是好的獎勵！

送七巧板或一本書，表面上看起來每個講師都做得到，因此很多人難免會懷疑：這樣的獎勵真的有用嗎？算不算「收買」學生？必須做到人人有獎嗎？以下提供三個提醒，幫助你做好教學遊戲化 PBL 中的 B：獎勵（Benifit）機制。

獎勵只是一個激發參與的理由

　　沒有在現場親眼看過的人，很難想像一個小獎品能發揮多大的作用。內向的工程師會因此而積極搶分，上市公司的主管會因為要把積木帶回家，而要求組員全力投入，整天的課程都無需老師指派，大家搶著上台！

　　但是仔細想想，難道學員們真的希罕這些獎品嗎？

　　當然不是！這些獎品他們想要多少有多少，以上市上櫃公司的教育訓練為例，教室裡眾多處長級以上主管，手上掌管每年千億計的營業額，也同樣能被獎品及積分機制所激勵。所以，雖然我建議在教學遊戲化的過程中精心規劃獎勵機制，但教學者心裡一定要有正確認知：重點從來不在獎品，而是學習！獎勵只是給學員一個參與的理由！

給團體而不是給個人

　　很多人操作獎勵機制時，會遇到一個問題：看來看去，好像舉手回答的都是那幾個，其他人並沒有受到獎品的激勵？

　　之所以會出現這類情況，大多是因為老師把獎勵給了個人，而不是團體。若給單一個人獎勵，就只能操作很簡單的問答互動，然後直接給獎。這樣的方法不僅對象稀少，而且操作次數受限（獎品很快就發完），也只能激勵到少數人（不管在哪裡，積極爭取獎品的通常只有一小部分人，而且太積極的個人還有可能受到群眾壓力）；另外，只給個人獎勵也可能拖慢上課節奏（必須一面教學、一面給獎），並不是很好的方式。

　　比較好的做法是給小組獎勵，而且一開始上課就分好小組！

（小教室或大演講都一樣，還記得前面提過的分組方法嗎？）然後，結合上一篇談到的計分制，每個互動、回答、表現都可累計分數（規劃計分差異，不同表現與難度有不同分數），最後再根據團隊總分頒發獲勝的小組獎品。

順便提醒一下：獎勵不要只給第一名，如果有可能的話，前三名應該都給獎，才不會在領先群明顯拉開差距時，導致落後群乾脆放棄！我通常會規劃不一樣的獎品給前三名，例如第一名是疊疊樂積木、第二名是七巧板、第三名是金莎巧克力。

千萬別搞錯重點！

獎勵機制絕對不簡單，行為學習理論對此有很深入的討論。在此特別提醒一點：千萬別因為獎勵有用，就把事情想得太淺了！

獎勵只是一個激發學員參與的理由，讓課程變得更有動力、也更有趣。記得在尊重學員前提下，提供合宜的獎勵，而不是一直強調獎勵！只要開場時提一下就好。我曾經親眼目睹某位講師在醫院演講時，用丟東西給海豚或動物的方式，把手邊的小果凍丟給台下的醫師們，還用笑謔的方式說：「來！要咬住哦！」我看了只能一直搖頭……。

獎勵是外在，學習才是根本！重點還是你能帶給學員什麼樣的學習和收穫，讓獎勵與課程教學完美結合，讓課程有效又有趣，這才是教學遊戲化真正的目的！

5-4　遊戲化核心元素之三：排行榜（L）

接下來要討論教學遊戲化的第三個元素 L──排行榜（Leaderboard）。

排行榜在一般的遊戲中經常可見，從早年的遊戲機台到後來的電腦遊戲，每次打玩電動後就會出現一頁排行榜，顯示你的戰績名次（有時是跟自己比，有時是跟別的玩家比）；有些遊戲機台或電腦遊戲還會鄭重其事地要你輸入自己的名字。（記得以前用搖桿及按鍵輸入自己英文代號的年代嗎？）

遊戲進入網路連線時代後，排行榜更是隨處可見，甚至像 Nike+Run Club 的 APP 遊戲化應用，結合了慢跑里程與排行榜，身邊的朋友幾乎每隔幾天就會 PK 一次彼此在 Nike+ Run Club 上的慢跑里程排名。在這個例子中，慢跑的里程就有點像上課累積的分數，只反應了過程中努力的成果。如果還想知道這個成果與別人比較的相對值如何，排行榜就是你絕佳的工具了！

不過，千萬不要以為排行榜就只是統計一下分數，公布總分和排名而已，要做好排行榜的操作，還是有以下幾個重要的關鍵。

一、即時反應，即時公布

排行榜最常見的操作問題，就是等到最後一堂下課前才總計分數，然後公布排名。這樣反而浪費了排行榜的激勵作用，因為整個過程中大家都不知道自己小組所處名次，激勵從何而來？因此，排行榜一定要在過程中持續更新。

我的習慣是每節下課都更新一次，把各組當下的成績做個統計，然後寫在一張大壁報紙上，貼在教室後面（或其他明顯的地方），讓每個人都看得到各組之間的表現狀況。

在每節上課之前，我也會提一下「到目前為止的冠軍」是哪一隊，讓大家為他們掌聲鼓勵，再次激勵！當然我也會強調這只是「暫時領先」，接下來還會有更難的挑戰，各組也有機會拿到更高的分數，請大家努力加油。透過排名的刺激，讓學員持續保持學習的動力。不要因為大家看似一副不怎麼在乎的樣子，就以為沒有人看重排名；當小組成績每堂課都出現在教室後面時，你會發現：大部分的學員是很在意的，甚至一節比一節更認真，並且會注意隊友的表現和投入與否！

二、兼顧競爭與面子

除了全組表現有排行機制外，個人的表現也會有排名。像是課程中也會有一些演練或比賽，讓小組派代表上台發表，然後我會請全體學員即時投票，評估每一組的表現，最後也說出排名前幾名的演練者。透過塑造競爭氛圍，激勵學員們更加投入。不過在這種情形下，要特別小心「競爭」與「面子」之間的平衡，這點絕對是關鍵 Know-How ！

投票的機制是第一個重點，從一開始就要設計恰當，我大多會採取「閉目投票」的方式。當小組全部完成上台演練或發表後，身為講師的我會先重點提示，剛才參與演練或發表的是哪幾組，以及每一位代表的呈現概況，然後請大家閉上眼睛，針對各組的表現進行投票。

閉著眼睛投票，投票的人和小組代表都比較沒有壓力，也不容易受到別人投票的影響。除此之外，習慣上我會請大家投三票，也就是「當然投給自己小組」的那一票之外，還能有兩票可以投給其他小組。透過這樣的投票機制，能相當公平地決定演練表現的排名！

宣布名次的方法是第二個重點，在宣布名次時，我建議只公布前面的名次（例如五個小組只宣布前三名、四個小組只宣布前兩名），後面的名次就不必公布了。更白話地說：我的課程中，從來沒有哪個小組得過最後一名，只有前三名（或前兩名）！這是因為，課程遊戲化的目的還是在激勵投入，不應該製造過大的壓力，甚至讓表現不佳的同仁覺得沒面子。

也由於刻意不公布後面的名次，把面子保留給表現欠佳的學員，就連前幾名的小組學員也會更放心，更願意投入之後課程的不同競賽──反正表現好就有獎勵，表現失常也不會多丟臉。這麼一來，就能打造一個「安全」的課程遊戲化環境！

根據我的經驗，學員之所以都很樂意參與課程中的遊戲化關卡，在不同的演練中努力求取表現機會，這正是重要的關鍵！

三、平衡機會並且公平

如果你曾經仔細地操作過課程遊戲化，那麼你一定早就發現，

一整天的課程到下半場後，各組的差距自然會逐漸拉開，落後較多的那幾個小組，會覺得好像自己再努力也沒機會贏了，可能因此就放棄排行榜名次的角逐，而不再那麼投入學習。

因此，我總是會在上課前就仔細規劃配分機制，隨著課程的進展，越到後來演練也設計得越難，而學員有機會一次拿到較多的積分。譬如上到最後一堂課時，排行榜上的積分是第一名 80000、第二名 72000、第三名 68000、第四名 60000、第五名 53000，那麼，最後一場比賽可獲得的分數可能就會是 50000／40000／30000／20000／10000。

而且，在這最後一場比賽前，我會特別向領先組和落後組解釋：如果在這最後一場比賽中，原本的落後組拿到第一名，他們的分數就會是 53000 ＋ 50000 ＝ 103000；相反的，如果原本的領先組在最後一場只得到第四名，那麼他們的分數就是 80000 ＋ 20000 ＝ 100000。大家一聽就明白：落後組只要最後一場比賽拚出全力，設法拿到第一名，就有機會翻盤打敗領先組；而領先組一定要在最後一場比賽中維持水準，拿到前三名，才能守住領先的成果；萬一只得到第四名，排名就一定會掉到第二、第三甚至第四名！（如果原先的第四、第三、第二名剛好搶下第一、第二、第三，分數都會超過 100000。）

這樣的計分機制，能夠營造出「人人有希望，個個沒把握」的氛圍，讓課程遊戲化的效果一直持續到最後一節課。

還是要提醒一點：並不鼓勵把最後一場比賽的分數拉得太高，以上述的例子而言，如果刻意把最後一場的分數調成第一名 1000000，大家就會覺得：「厚！那只要比這一場就好了啊！前面不就都玩假的？」所以計分機制要善加規劃，盡量兼顧機會與公

平，因為課程遊戲化的目的是激勵學員，而不是唬弄學員。

盡情遊戲，莫忘初衷

　　雖然玩遊戲是人類的天性，但是要把遊戲的元素抽離出來、應用在非遊戲的環境，其實需要不少的努力和規劃；在課程發展的過程中，也有很多的細節要注意，包含計分的方法、分數級距的設計、不同表現的差異化計分、獎勵的設計、獎品數量的分配、個人或小組獎勵的區隔、排行榜的更新方式、兼顧競爭與面子的考量，以及最後平衡機會與公平的規劃等，都需要一些時間的投入以及經驗的累積，才能讓課程與遊戲化達到完美的融合，學員上起課來像玩遊戲，又在競爭中有很多學習。

　　但是，無論怎麼做都不能忘記：課程遊戲化的重點，不是好玩，而是學習！

　　遊戲化，只是一種讓學員願意投入並且持續保持專注的手段。講師在規劃及教學的過程中要不斷地檢視：目前為止的課程遊戲化設計，是否真的幫助學員們學得更好？要如何更細緻地操作，以持續強化學習的成效？

　　不管是 P、B 還是 L，把目標放在學習熱情與學習成果，永遠才是課程遊戲化成功的關鍵！

沒上過福哥的課，一樣學得會、用得上

高雄醫學大學附設醫院兒童牙科暨特殊需求者牙科主治醫師　沈明萱

　　我是一位任職於醫學中心的兒童牙科醫師，除了看診，還要負責授課。授課的對象為牙醫系五年級的學生，從備課開始，我就一直在思考，如何讓學生「想聽、專心聽和聽得懂」。

　　福哥開辦「教學的技術」這門課，苦於時間無法配合，不能親自到課堂上感受福哥的魅力，就從福哥部落格「教學的技術」系列文章學幾招來試水溫。沒想到學生的反應遠比想像的熱烈。

一、想聽：分組競賽

　　現在的學生，一機在手，加上行動電源，根本無所不能，只有專心上課真的不能。這樣「險峻」的上課環境，老師若只靠傳統的「講述法」，大概十分鐘後學生就無法專心了，更何況是兩三個小時的課程。

　　「課程開場技巧」文章就建議以「分組」的方式，來提升學生的動機和參與度。

　　分組，加上競賽機制和獎品，馬上將氣氛炒熱。我準備的獎品是「乖乖」。沒錯，就是零食。第一名的組別一人一包，第二名兩個人吃一包，其他人只能空手而返。

　　一包幾十塊錢的零食，對於刺激大學生的學習，真的有效嗎？

　　「獎品不一定貴的才有用，但特別或特殊性高，還是會打中競爭的心理。」選擇乖乖做為獎勵，有保佑學生在見習、實習或值班時，遇到的小朋友都會乖乖配合治療的含意。當天學生看到我拿出乖乖當獎品時，反應之熱情，超乎你我的想像。

　　牙醫系一班人數將近一百人，分成四到六人一組。分組後要選組長，學生互相陷害，大部分的組別一下子就選好了，之後我仿效福哥的做法，讓各組的組長起立，剩下的組別真的很快就搞定。

　　組長們不情願地站起來後，我再仿效福哥公布「組長今天只有

一個任務，就是負責指派同學回答問題」，每個組長都開心得不得了，全班氣氛就更 high 了（再次，跟「教學的技術」文章中的描述一模一樣）。

競賽的方式是課堂之間會穿插一些考題，在有限的時間內作答，答對就有分數，總分最高者獲得獎品。各組一個軟性小白板和白板筆，學生輪流寫答案。一定要讓學生動手寫，有寫才會動腦思考。

二、專心聽：內容有料、音樂加持

「遊戲化只是一種手段」，最核心的還是課程內容。

遊戲化能夠提高學生的參與度，但更重要的是讓學生知道為何要上這門課（絕對不是因為期中考占 30%）。以我所負責的章節「牙髓治療」，就是牙醫師天天會做到的療程。所以再三跟學生強調，今天上課內容的重要性。

內容有料，呈現的方式也很重要。投影片文字精簡，盡量是圖片、臨床照片、X 光或動畫。一張好圖，遠勝過滿滿的文字（投影片製作請參考福哥《上台的技術》一書）。

如果學生還是「不小心」睡著了呢？沒關係，每上到一個段落，就來個考題，需要動手寫答案。即使真的睡著了，這時候都會醒來，因為我會放音樂，睡著的同學也會被吵醒。

課堂上播放音樂，要注意「運用時機、音樂類型、播放方式」。

討論時放音樂，除了炒熱氣氛，還可以計時。音樂停，就知道討論結束，不用講師催促。選擇無人聲、節奏略快的純音樂，學生才不會跟著唱，變成卡拉 OK。

三、聽得懂：直接實戰

「教學目標可以被評估嗎？」一堂課如果沒有明確的教學目標，只是硬塞許多知識給學生，那學生回家看課本或是讀「共同筆記」（共筆）就好啦。

我規劃的目標是，學生在課後，有能力在臨床上，做出正確的診斷和治療計畫，這才是用一輩子的能力。

除了穿插在課堂中的考題，兩個小時的課上完後，直接給臨床

真實案例，當場小組討論，講師也能馬上給予回饋。很多學生在課後問卷中還反應希望多一點實戰考題，可見效果良好。

這是我第一次在大班級操作分組，課前多少會忐忑不安。還好有事先研究「教學的技術」系列文章，把握幾個原則後，當天運課順利完成（整體滿意度有 91.9% 的學生給滿分）。

雖然不是職業講師，但是持續調整自己的授課模式，也是一種自我成長。規劃如何讓學生「想聽、專心聽和聽得懂」，加上分組競賽的方式，您一定會訝異於學生的轉變，並重拾教學的熱忱。

應用心得分享

從「生無可戀」到「積極表現」的實驗

中華精實管理協會經理　江守智
（百大 MVP 經理人得主，專長為精實管理，現為台灣數家上市公司輔導顧問）

「QC 七大手法」（品管七大手法又稱初級統計管理方法）光聽課程名稱就想到密密麻麻的理論、繁複的圖表，如果還要坐在教室裡被轟炸七小時，你願意嗎？

2015 年底，生涯講課時數還在二十小時以下的我，迎來當時最大的挑戰，「在全球最大鞋業製造廠的管理階層面前，教授七小時的 QC 七大手法課程」。如今我回頭翻著當時的備課資料，十分感嘆，滿滿的理論架構，高密度、無空隙的講述輸出，換來的就是可想而知的悲慘下場。

2016 年初，某天中午有機會與福哥在台中一起用餐，我提到這堂課的失敗經驗。福哥嘴裡塞著食物，用一種輕鬆的口吻說：「既然大家在台下昏死，那你就累死他們啊！」看到我仍然像根朽木不可雕，福哥繼續補充說：「既然 QC 七大手法是統計工具，工具的目的是實用性，那就讓學員離開教室時會運用才是真價值。」於是，

我腦海中開始浮現台下學員手忙腳亂、過關斬將，結束時卻心滿意足的模樣，一堂嶄新的課程設計於焉成形。

於是，從 2016 年起連續三年，「QC 七大手法」的課程在全球機械零組件大廠中成為主管晉升訓練必修課，每年超過十梯次的邀約，最常見的課後問卷評價為「有趣又實用」、「完全不枯燥乏味的課程」。

這些都來自於「憲福講私塾」福哥、憲哥的指導，加上身為「教學的技術」連載文章的忠實讀者，我學會分析需求目標、設計課程、發展教學方法、執行課程，以及評量課程與進化（也就是福哥常提到的 ADDIE 系統化課程設計）。

福哥傳授「教學的技術」最難能可貴的就是他從實務出發，與理論相互印證，甚至有更多是其他人不願意說破的「江湖一點訣」（眉角），而且福哥還不藏私地樂於分享。你可能不相信調整教室課桌椅排列的角度、適當地使用音樂，就能夠改變台下學員的氣氛。我起初也是半信半疑，實際運用後就深信不疑。這些磨練與修正，有人替你練功走過，讓你少走許多冤枉路，光是這點我就覺得福哥真是功德無量。

有沒有一種「教學的技術」，能夠讓台下學員們從「生無可戀」到「積極表現」？有的，那就是福哥的技術。

應用心得分享

教學的技術，進化人生的藝術

穎華科技品保資深經理　陶育均

從 2008 年擔任公司內部講師開始，往往認真準備教學，學員也不一定有好的吸收，更不知如何評鑑教學成效。就在歷練集團內部講師的工作中，累積經驗，一邊調整摸索，一邊尋找解答，但總

覺得這樣 Try & Error 的模式，教學技巧的成長速度太慢。

因緣際會下，上到福哥「教學的技術」課程，深切感受到，不論是課前叮嚀、課堂中教學法的操作、運課節奏，連不同場景都搭配不同音樂，每個細節精心設計，用心安排，有完美的整體呈現。

過去我一直認為，如果學員的背景不同，程度有明顯差異，想讓新接觸此領域的學員進入狀況，同時也讓程度好的學員更加提升，兼顧不同的學習效果，這應該是難以做到的。然而，福哥的課程向我證明了，有方法也有技巧可以達到這個境界。

幾年前在集團內講授「目標管理」課程，今年有機會分享「OKR 目標管理術」（Objectives and Key Results），我告訴自己不能只是平凡呈現。

思考了福哥的關鍵概念：「好老師的價值，不是在台上講了什麼，而是讓學員帶走什麼。」

我將原本的課程規劃全部打掉，重新設計，融入了問答、選擇、討論、演練操作、影片等手法。幾小時的課程，學員課後反應熱烈，「從只知道有這個工具，到知道 OKR 的面向及運用，收穫相當豐碩。」「原本對 ORK 一知半解，課後對 ORK 如何運用，有清楚的認知。」「喜歡課程中的團隊合作、互動，以及講師活潑的教學方式，還有口訣速記。」「OKR 的觀念及應用，有清楚、簡明、精彩的講解，真是太厲害了！」其實，這些都是我將「教學的技術」靈活運用而已。

慢慢內化教學的技術後，我再調整成更多元的教學方式，運用開場互動、示範演練、遊戲機制，更站在學員的立場，配合學員的不同需求去設計課程。思考能給予學員什麼，要創造怎樣的情境，要運用哪些手法，顧及教室、螢幕、燈光、冷氣、音樂、座位等許多微小細節，以及開場如何建立信任、分組如何安排更合理、如何兼顧尊嚴與約束力。在時間緊湊的步調下，進行示範、操作、演練，並安排快速檢核，以確認學員的學習成效，還有接近尾聲的重點回顧，彼此分享體驗……。現在，這些規劃都變得那麼理所當然。

出乎意料的是，我運用問答法、遊戲元素、角色扮演等技巧，在對孩子的教育上，變得有辦法讓原本不容易靜下來的孩子，願意配合我的指令動作。除此之外，在帶領工作團隊時，運用了三明治

回饋法，不論是職場前輩，或是年輕夥伴都更願意接受建議，嘗試更高的挑戰。

　　教學的技術，影響的不只是教學，從親子教育、團隊領導乃至與人分享，都讓我有更深層的體認。學習教學的技術，就掌握進化人生的藝術！

6

大場演講的教學

6-1 與台下互動的技巧

這幾年來，有越來越多老師及講者開始改變演講教學的方式，從原本的單向講述，逐漸加入不同形式的互動，從簡單的一對一（講師對聽眾）問答，轉變為效果更好的一對多（講師對小組）互動。對於這樣有意思的轉變，也許我的上一本書《上台的技術》有些許貢獻，因為《上台的技術》出版後的幾場新書講座，我採用的就是大場演講的互動形式，許多老師及講者在看了我的操作後，因而有些不同的啟發。

先前我在演講時親自示範，但是並沒有把這些心法及做法整理出來。這些方法其實是過去十年，我歷經不同的大小演講後，逐漸演化而來。你知道「分組」是大場互動的核心關鍵嗎？你知道聽眾多的時候，分組的小組人數反而要少嗎？你知道除了簡單問答之外，大場演講還有哪些互動的方法嗎？

這一章想分享，我在不同時期大場演講操作的經驗與關鍵技巧，希望幫助大家在大場演講時，也能流暢地操作互動，牢牢抓住觀眾的注意力，創造更好的效果！

一、入門階段：我問你答難度高

早期（2010 年之前）演講時，我大概只會操作簡單的問答法，也就是設計一些問題，透過獎品來激勵台下回答。包含之前分享過的企業演講（主題「藍海策略」），以及和權自強老師認識時的 Joomla 演講，都是用類似的模式。譬如在 Joomla 內容管理系統介紹的 200 人講座，我先談了一個案例需求，接著請問聽眾：「像這樣的程式開發案，大家猜需要多久的時間？」然後請台下舉手回答。這樣的問答，也是不少講師在進行大場互動時的基本方法。

不過，這個方法會遇到兩大難題：第一是互動的氣氛無法熱烈，也無法持續。大致來說，現場只會有幾個比較積極的參與夥伴願意舉手回答，其他人可能不習慣或是害羞，寧可採取觀望的態度。如果舉手的一直就是那幾位，現場的氣氛反而有點不自然，像是安排好的樁腳一樣。一旦如此，操作互動就越來越困難，有時變成要一直點人才會有人參與互動，而且總是互動過後火花就熄滅了。

第二道難題是不容易提供激勵。除非真的準備超多小獎品，否則一個人回答就給一份，激勵因子很快就會用完。而且如果場子超大（例如 350 人），中、後排的參與者很不容易拿到獎品，整場演講的節奏也會因為給獎的過程而經常中斷。如果有人一直回答，還可能因為太積極而被同儕排擠（拿走很多獎品）。講師若故意忽視，積極的參與者會消失，其他人也不會因此更積極。這些都是一對一互動會產生的細節問題。（想一想，這些是不是你在操作大場互動時會遇到的狀況呢？）

二、變化階段：嘗試彈性分組

每經歷一次大場演講，都會促使我思考更好的教學互動方法。在 2011 年的 HPX 百人九十分鐘演講裡，我試著加入分組機制，以座位橫排為一小組，試著把平常教學的小組互動技巧，與多人數的大場進行結合。我問了開放性的討論問題：「簡報有哪些常見問題？」也用了幾個案例，請大家先看修改前的樣子，再請大家討論該如何修改得比較好，最後由我公布答案。

這種做法，比較像是把小教室（二十人）放大為大教室（一百人），講師提出問題、小組討論與發表的方式沒有太大的變化，但是開始加入案例討論及想法的發表，讓大家提出自己會怎麼做。

2013 年的簡報技巧高峰會，參與的學員大部分是醫療領域的專業人士，雖然我上場的時間很短，只有二十分鐘，但我嘗試展現職業級的教學互動技巧。當時現場是有桌子的會議廳，如果沿用以前的分組方法，一個橫排的人數太多，會阻礙小組討論的進行（被桌子卡住，無法交頭接耳），因此我想到了三到四人的分組規模，學員只要跟左右兩邊的人一起，就可以自由討論，不會受到桌子的影響。一組三人最佳，四個人也可以，保持彈性。當天的幾個互動問題，例如在現場手繪投影片，以及針對現場講者開場手法的觀察，都得到很大的迴響。

三、應用階段：站著分組！

出版了《上台的技術》一書之後，2015 年我有幾場大型的新書分享會，不僅跟讀者們分享「什麼是上台的技術」，更要把這些方法應用於無形之中，讓聽眾先體會，再回過頭來思考上台的

技術這件事。我花了不少時間構思，最終從書上分享的幾個真實案例中得到了靈感。

　　一開始我先進行分組，還是按照先前獲得的最佳經驗──大現場分組時，每組人數少，由三至四人組成。為求快速，這回我請台下聽眾全部站起來，湊成三至四人為一組後再坐下。請大家站起來的原因是：如果坐著分組，有人可能只是虛應了事；如果都已經站起來了，就會為了坐下而很快找到組友。然後，我再請每個小組中住得離會場最遠的人為組長，並請各組組長再站起來一次──這樣就可以驗證，台下是否真的都「各有所組」了！

　　如此一來，只要透過全員起立／坐下、再請組長起立／坐下的兩階段，就可以簡單完成分組與選組長的大工程了。這就是快速分組的關鍵 Know-How！（講破不值錢，但不懂的人也許摸索很久都想不出這個做法。以後看到這個兩階段操作，就知道是我們的讀者了。）

　　等到小組分好後，之後的選選看、排排看，甚至開放性的討論，就可以很有效地操作了。

　　在繼續往下閱讀開放性討論的操作要領之前，請先思考兩件事：

一、大場演講為什麼還要選組長呢？組長的功能是什麼？

二、講師對個人、講師對小組，這兩種互動方式會給現場帶來哪些不同的改變呢？

　　在看接下來的內容之前，先思考一下這兩個問題，你才會感受到，很多 Know-How 看起來簡單，但想清楚很難！這也才是職業級技巧的價值所在。

6-2　混和運用各種方法

　　因為很重要，所以請容許我再強調一次：教學技術沒有好或壞，只有效果好或不好；而所謂的效果，與主題、對象、講者、場地甚至時段，都有相互的影響。

可以很單純，也可以很複雜

　　以下大場演講的教學操作技巧，是我曾經應用或看其他講師應用過，從單純到複雜，提供給比較缺少大場演講經驗的讀者參考。

案例講述法

　　最基本的方法當然就是講述了；但請記得，講述的最好是案例、故事，多舉一些實例才能抓住台下的注意力。

　　案例故事要講得好，需要一些細節鋪陳，如設定時間錨點、人物描述、應用五感的技巧、修剪故事快速切入重點……。說實話，純講述要能講得精彩，我個人覺得反而需要很多訓練，而講者的個人特質與準備，都會決定聽眾的滿意度。

舉手法

　　舉手調查法是最簡單互動的操作。「請問有人去過XXX嗎？」「關於這個問題，贊成的請舉手？不贊成的請舉手？」「你目前使用的手機是 iPhone 的請舉手？」透過簡單的問題請台下舉手表態，是最簡單的互動手法，較適合一開始破冰、了解聽眾的反應或態度，或是用來在過程中埋梗，講者會在觀眾舉手後公布解答。

　　舉手的目的是增加聽眾參與感，讓大家願意思考與表達態度，所以舉手只是中間過程，舉完手後，講師應該要有接續的說明，或是解釋舉手的人多或少代表什麼意思。要特別注意的是，整場演講中這種簡單的舉手不能安排太多次，因為二至三次之後效果就會大幅遞減，最好還要應用下面的方法增加互動的變化。

問答法

　　直接 cue 台下說話，請台下參與觀眾針對問題發言，比如：「從剛才的影片，你觀察到哪些細節？」「針對剛才提到的個案，你認為他做對了什麼？」「你覺得這段廣告文案，應該怎麼改比較好？」諸如此類的問題，由講者提出，指定台下某位聽眾回答，就是最簡單的問答法。哈佛桑德爾（Michael J. Sandel）教授的正義課，就是用個案討論配合許多問答操作。

　　問答法的操作不難，難的部分是問了以後要有人肯認真回答！這絕不是廢話，有操作過問答法的老師一定知道我在說什麼。當然，最完美的情況是老師一提問，台下就有一堆人舉手搶答！一呼百應，真是太美好了！但是很抱歉，你教的不是哈佛的學生，真的有參與度這麼好的聽眾嗎？（其實真的有，而且每場都可以，只是需要一些經驗及機制的設計。）或者換個角度，你去聽演講

時，只要台上講者發問，你都會舉手搶答嗎？上一次你在 200 個聽眾的演講現場舉手搶答是什麼時候？所謂「知易行難」，懂得方法不難，難的是如何塑造聽眾的參與動機，並且打造出一個鼓勵參與的環境！

單選法

人數很多時，舉手法太簡單，用幾次效果就變差；問答法難度高一點，回答的人也受限。這種時候，就可以考慮加入單選題了。例如我在《上台的技術》演講中問聽眾：「以下三個選項，哪一個是這次簡報的目的？」然後列出 A ／ B ／ C 三個選項；或是例如憲哥在《人生準備 40％就衝了》的座談會上問台下：「舉辦拔河賽的國家是……？」然後請台下選擇。

相對於舉手法，這個方法增加了選項，也就自然創造出變化；而且越是提高難度，猜對的夥伴也會更有參與感與成就感。關於題目的設計，有些人傾向簡單的白爛式問題（適合用在一開始參與度低時），有時則是需要深思、答案不易選擇的問題（參與度拉高之後可用）。

複選法

比單選題再更難一點，卻也能讓參與的變化多更多。例如，「下列五個選項中，哪三個是客戶最常見的抱怨？」或是「請問下列六個簡報內容中，哪三個是我在第一次跟鴻海簡報時關心的？」也可以是「下列五個選項中，哪三個是糖尿病患者最常發生的症狀？」一旦你秀出這些問題，要從多選項中挑選出對的，對聽眾來說就有點挑戰性了。

　　題目的設計本身不是問題，要操作得好有兩個考慮點：第一個還是「參與度」，為什麼大家要認真思考？你拋出了什麼激勵因子來吸引大家投入呢？第二個是小組討論與個人回答，把複選法的問題加入小組討論操作，再問台下答案是哪幾個，互動成效會比個人單獨回答好得多。

　　當然，細節上的操作，例如：答案要馬上公布還是留到後面再公布？或是先問台下有沒有不一樣的答案後再公布？或是先提問，再用影片或案例故事提供答案線索，之後再核對答案⋯⋯，都是必須先考慮清楚的操作細節。

　　除了上述的「案例講述法」「舉手法」「問答法」「單選法」「複選法」，其實還有「排排看」「連連看」，以及把「個案討論法」與上述的方法混合使用（下一節就會談到）。

　　在你往下讀之前，還是請先停下來思考一下：「是不是用了好的教學方法就會有好的教學反應？如果不是，問題會出在哪個環節呢？」

6-3 提高知識轉換率

除了上一節整理的「案例講述法」「舉手法」「問答法」「單選法」「複選法」，大場演講還有以下幾個可以創造、維繫互動，比較高階的操作方法：

排列法

在投影幕上秀出幾個打亂次序的事物，請台下觀眾把正確的次序排出來，譬如像簡單的「燙傷之後的處理流程：請把脫、蓋、沖、送、泡的正確次序排出來」，或是進階一點的「系統化課程設計的五個步驟：請排出發展、設計、實施、分析、評鑑的正確順序」，像這種有順序性的，諸如操作流程、SOP、步驟、方法等，都可以應用排列法，讓台下思考一下順序，再提出想法。

你可能想：「啊，不就直接講就好，幹嘛那麼麻煩，還請台下排序？」請回想我們一直提到的重點：學習成效的考量。當老師直接把答案講出來，「系統化教學有以下五個步驟，分別是 A 分析、D 設計⋯⋯」台下的反應可能是：「聽起來很簡單啊，不用教我也會！」或者是已經出神，沒有專心在聽講。

老師有教，學生沒聽，等於沒有用。如果講師在重要的地方

暫停一下，把流程知識操作成排列法，台下不僅需要動腦思考，更重要的是：很多大家以為很簡單的次序，還真的經常會犯錯（很多人應該都有類似經驗）。最棒的是：犯錯才是最好的學習點！就是因為犯錯了，於是留下更深的印象，也會更注意聽，不再輕忽或以為老師的論述理所當然。

如果想進一步增加難度，也可以混用複選法和排列法。譬如：先列出六個選項，請大家挑出正確的三個，還要排對順序，這也是一個好方法。請記得，操作的時候最好把每個答案加上編號，比如一～五或 A ～ E，這樣核對答案時會比較簡單。

另外，在操作時也要想想：是否在聽眾選好答案之後，先請人發表一下，最好是可以看到一些不同的答案（引導犯錯）。如果現場都沒有錯誤的答案，就表示題目對當天的聽眾而言太簡單，下一次在規劃題目時最好增加一點難度。

個案討論法

這個方法的重點，在於討論的開始就準備一個還沒解答或需要判斷的個案，以投影片呈現，或更進一步以紙本文件發給台下聽眾。

在哈佛及許多研究所的課堂中，經常採用這種個案討論法；如何帶領個案討論，以及不同觀點之間的攻防，我們在第 4 章也有提到過。只是先前應用的場景是在小教室，如果轉換到大場演講時，所做的個案討論必須比課堂稍微簡化一些，目的是要請聽眾從個案的難題中，透過線索及思考找出一些答案，之後再從比對答案以及提出解答的過程中，讓觀眾有進一步的學習，譬如說：

「如果有選擇，你會讓火車依原本的軌道撞向五個人？還

是轉變軌道，撞向一個在軌道施工的工人？」（哈佛大學正義課——桑德爾教授講完個案後提出的問題。）

「請大家從手邊這些財務報表中，找出最值得投資的五家公司。」（「超級數字力回娘家」的 350 人大型演講——提出問題前 MJ 老師已經發下十幾張財報。）

「如果有機會跟鴻海集團的人資長簡報，你提案時應該講哪些重點？為什麼？」（「上台的技術」演講——福哥的投影片上同時出現六個不同選項。）

一般在個案展示之後，會以小組形式請台下簡單討論一下，當然個人思考也行，但氣氛會與小組討論有極大的差別！所以大場演講時，小組編成及討論是許多進階技巧的重要基礎。

發表答案的方法很多，還可以混用先前提過的方法。以桑德爾教授為例，使用的是開放式問答，逐步導引聽眾進入道德的兩難困境（問答法）；MJ 老師則是採用沒有公司名稱的財報文件，讓大家看完後挑出潛力公司的編號（選擇法）；我則是請大家從投影片上挑重點編號，並且把順序排出來（混用選擇法及排列法）。這三個方法，都可以與個案討論搭配使用。

在大場演講上操作個案討論，對講師的引導能力有比較高的要求，因為個案討論需要一點耐心，除了要掌控比較大的現場外，也要有引導聽眾說出想法的技巧。更重要的 Know-How 是：其實聽眾的所有答案，早就在講師的預期之中，如果有脫軌的想法，講師也可以很快引導回到討論的主軸，所以即使現場是開放式的討論，最終總能朝著講者期望的方向發展。當然了，討論終點的歸納及結論，也是講師展現經驗及功力的時候。

不論是題目的設計、現場氣氛的掌握，甚至對聽眾程度的預

期（例如沒上過「超級數字力」的聽眾就看不懂 MJ 老師提供的報表，不像自由選修桑德爾教授課程的學生，很難強迫現場熱烈參與討論），這都考驗著大場演講師的實力——自在地操作大型現場的個案討論，可說是講師的終極修練啊！

其他方法

除了上述的講述、舉手、問答、單選、複選、排列、個案討論，以及混合不同方法的技巧，大型演講現場也可以用影片法（播放影片，再進行討論或找答案）、配對法（提供兩種類型的答案選項，請大家進行配對。例如一～四類藥品，A ～ D 類疾病，請台下聽眾配對，像是 1D、2B、3A……），以及 OX 法（請聽眾依題目是否正確，舉手或舉圈、叉牌，這是我從仙女老師余懷瑾那邊學來的）等；但我相信，一定還有很多其他的好方法。

老師或講師們這麼努力地運用這些方法，難道只是要讓現場熱鬧？氣氛 High 一點？當然不是！本書已經強調過好幾次——學習成效才是我們最關心的事情！

如果你是充滿能量，或有極豐富經歷的講師，無論你說什麼台下都會專心聆聽，那你真的不需要這些互動技巧；反正再怎麼精神不濟的人也會全心全意地聽講，並且在演講結束後給你久久不息的掌聲。我的工作夥伴，也是大神級的講師——謝文憲（憲哥）就是這樣一位傑出講師！他的演講總是熱力四射，也極具衝擊力及影響力，甚至能改變台下聽眾的生涯選擇或未來規劃，是我個人看過最具影響力的講者之一！但是連憲哥也開始在演講中加入一些簡單的互動，或選擇式的題目，讓聽眾有更好的參與感，不僅覺得演講精彩萬分，更在不知不覺中接受講者的邀請，成為

精彩演講的一部分。

如果你也希望讓演講有一些變化，那麼以上解說的各種技巧，就是你設計演講的互動時絕佳的參考方向。

技術可以拆解、練習，更可以組合、精進

所謂「學無止境」，即使功力強大的講師也很少停止學習的腳步。

以我的大神級好兄弟——MJ 林明樟老師——為例，記得我第一次和他一起上台演講，結束後他對自己的表現很不滿意，「我想講的太多，聽眾記得的卻太少！」他說，而且用「轉化率不佳」來形容這場演講。

說實話，我認為他對自己太嚴苛，因為很多聽眾都覺得從他的演講中獲益良多，但是他不會輕易妥協而放過自己。在那場演講之後，幾年來他持續改進，一直思考如何透過更多互動的設計，不斷優化自己演講時的「知識轉化率」，陸續加入個案、選擇、排序、押注等不同的方法；現在，他的大型演講功力早就讓我看不到車尾燈了！完全是不同量級的變化，改進的效果立竿見影：現在聽眾不只「滿意」他的演講，而且每次售票都「秒殺」，搶不到票的朋友都快「暴動」了。（保證沒誇張！）

所謂的技術，就是可以拆解、練習、組合、精進的不同手法。相較於知識與專業是你自己的核心基礎，別人幫不了忙，仰賴平常的累積；但技術是可以快速入門的，只要多嘗試幾次，一次學習一個，就能夠越來越熟練。期待你也可以像我的大神級好友一樣，讓每場演講都有更好的「知識轉化率」！

教學，利人又利己的技術

白袍旅人　楊為傑醫師（Albert）

　　韓愈：「古之學者必有師。師者，所以傳道、授業、解惑也。」

　　其實不只古人，我們現代人也需要老師。雖然現在網際網路資訊量無窮無盡，幾乎任何知識都能在網際網路上找到，然而大家可能會遇到的問題就是「我都查得到，但我還是看不懂文章在説什麼？」「看得懂，但是我不會應用」，或者是「對正確的資訊做出錯誤的解讀」。這時候，老師就扮演著很重要的角色，而且比起過往，現在的老師可能更需要「教學的技術」。因為現在的學生，都很會找資料，但是每個人會遇到的問題並不相同。現在的老師更需要依據每個人不同的狀況，幫他「解惑」，進而「授業與傳道」。

兒科醫師的各種教學任務

　　我是個兒科醫師，從十多年前擔任住院醫師開始，就承擔了部分教學的工作。那時候主要負責教導病房中同團隊的見習醫師、實習醫師。擔任主治醫師之後，有更多的時間要負責衛教民眾，希望把專業生硬的醫學知識，傳達給需要的父母親。這幾年來也擔任過超過三百場媽媽教室的講師，小到只有三名聽眾，多到超過五百名父母親的場子都講過。在這三百多場的過程中，我慢慢發現如果只把知識列出來，一條條地講給新手爸媽聽，效果其實很差而且很無聊。為了解決這個問題，我去上了關於簡報技巧的課程。在上完諸多簡報課程加上無數的練習後，的確能把育兒知識更系統性地傳遞給新手爸媽，父母親也多半能被我説服。但是，這個時候我又發現新的問題，家長聽完演講後，的確「聽得懂、很認同」，但是家長們「不知道該怎麼做」。

　　「醫師，你説得的確很有道理，我也贊同。但是我做不到。」

幫助更多孩子更健康

　　2017 年初，當我知道「憲福講私塾四」要開班時，我就立刻手

滑報名，想要精進自己的教學技巧。希望我在教學時，可以讓人聽得懂，並且做得到。而講私塾教我們的正是「教學的技術」。原來，教學這件事情，是充滿技術與套路的，並且可以應用在許多不同的主題上。講私塾的課程中，憲哥與福哥教導我們許多模組化的教學方法。從開場的建立信任感，到規劃每一段落的課程，到最重要的實地演練，與最後的結尾。無處不是套路與技術。出版、教養、里程、銷售、社群經營等等主題，都能使用「教學的技術」，而且可以把課程運作得很不錯！學習這些技術當然是辛苦的，但正是因為這些系統化的技術，才能讓一個教學素人得以快速掌握教學的精髓。

在講私塾課程後，我接了一些很有意思的課程，也應用了學到的「技術」。2017 年 8 月，應桃園市衛生局之邀，要幫一百多位公立幼兒園的老師們上課，跟他們談談兒科醫師認為重要的健康議題。那次課程，我把一百多位老師分組，幾乎沒有條列式的演講，而是利用一個又一個的活動，例如：小組討論、上台演練、分組競賽、填字遊戲、影片教學等等。把腸病毒、流感、牙齒保健、兒童肥胖、3C 使用等生硬的課題，融入課程規劃中。我最感動的是，課程結束時，老師們立刻告訴我，他們會把當天上課得到的知識，帶回去他們的工作場域，希望可以幫助孩子更加健康。身為兒科醫師，可以用這種方式去幫助更多的孩子，也是當初在學習教學的技術時，始料未及的。

離開教室前就學會

過去，我總以為教學需要幾十年經驗的累積方能有小成。而生硬的題目也只能強迫學生硬吞。「這個就是這麼難，我也沒有辦法」。但後來我才發現，教學的技術其實可以無限複製。每位教學者當然會有不同的風格與模式，也都需要練習，但是教學的核心：「幫助每一位學員，在離開教室前就學會」，始終是不變的。透過學習「教學的技術」，可以及快速地縮短學習曲線，應用在自己的工作場合！

衷心推薦每一位有教學需求的專業人士，善用教學的技術，幫自己的學員、部屬、客戶。

教學，絕對是一件利人又利己的技術！

應用心得分享

「教學的技術」之路

國立台灣師範大學台灣史研究所教授兼所長　許佩賢

「你們從小學、國高中到現在讀大學，覺得學校很好玩、交到很多朋友、學到很多東西的請舉手。」

有約一半的人舉手，「好的，謝謝，請放下。覺得學校很無聊，教官管很多，上課想睡覺，網路比學校更好玩的同學請舉手。」

大約另一半的人舉手。

「好的，謝謝，請放下。冤有頭、債有主，我們今天就是要來跟大家算一算這筆帳，到底學校是怎麼來的，我們為什麼要上學，學校好像可以學到很多東西，又愛管那麼多很煩，為什麼有這種兩面性，這就是我們今天的主題——近代學校的誕生。」

透過開場的問答，讓底下無奈又無聊的大學生抬起頭來，看看我到底是想搞什麼把戲。喔喔，這只是開始，等一下我會讓你們忙到沒空無聊的。

拋棄「只有講述法」的教學

教書以來，每次我都準備豐富的課程內容，「講」給學生聽，但是學生都愛聽不聽的，怎麼辦？說來汗顏，這麼多年來，我都不知道有「教學的技術」這種「技術」，而且這種技術居然可以教科書化、可以教、可以學。

幾年前，我曾經想可能是我的PPT做得不夠好，不能吸引學生。所以我去上了新思惟的簡報課，也上了憲哥、福哥、震宇老師合開的「超級簡報力」。雖然叫簡報課，但他們的重點都不是教怎麼把PPT做得漂亮，而是重視有效的說服或表達，其中也包括了一些課程運作的原理。PPT我覺得沒問題了，上課的狀況也有改善，但好像還是哪裡不足。

前一陣子福哥開始在網上寫「教學的技術」，每一篇我都認真看，仔細揣摩，如果是我的歷史課，可以怎麼做？不久後收到通知，

福哥要開「教學的技術」公開班，當然第一時間搶報名。一整天的課程，不是只有上課時間才是上課，而是從走進教室，每一個環節都是在告訴我們某個「教學的技術」。啊啊，原來有這麼多教學的技術。

上完課後，當然是學習了很多，也有很多的衝擊。但我想有一個立刻可以做、應該做的改變就是，放棄「只有講述法」的教學。課堂上可以搭配問答、小組討論、實作演練，配合適當的道具和技巧，可以更有效地讓學生學到我們想讓他們學習的東西。

從教室到大型演講，都有效！

近年我在我們所上的必修課中加入簡報的課程，學生除了要會做研究，也要學習怎麼把自己的研究有效地講給別人聽。上完「教學的技術」後，我試著應用上課學到的技術。今年的課堂上，我先簡單講解原理（我說給你聽），然後用學生做的簡報為範例，改給他們看（我做給你看）。然後我在課堂上播放楊智鈞醫師的簡報「外科醫師大滅絕」（影片教學），看完後讓每個學生上台在黑板的兩邊分別寫下自己觀察到的演講技巧及簡報設計特色，結果幾乎大家都可以觀察到重點。隔週換學生上台簡報（換你做做看），整體來說我自己覺得大部分學生的簡報能力在兩週內有很大的進步。

最近一次演講，聽眾是約一百人左右的大學生，約一小時的課程，介紹我自己的研究主題——臺灣教育史。開場兩分鐘介紹我是誰、為什麼是我來講這個題目（拜託！講到教育史不能不認識我喔）。請大家站起來，找到三個人一組，選好組長坐下。然後，說明等一下演講中有問答，組長負責計分，兩分鐘介紹今天的獎品和計分原則。課程開始，配合投影片的內容，一邊用問答，有搶答，也有小組討論，然後上台發表。把本來想用講述的東西，拆解成設計過的搶答、小組討論的題目或活動，除了能確保學生維持注意力，也才有可能進行有效的教學。

為什麼我只上了一天的課，就學會了「教學的技術」呢？因為福哥的教學技術很強大，所以學完馬上就可以用，這就是有效的教學啊！不過，學會是學會，還是需要多練習。

從簡報到教學的換位思維

高雄醫學大學附設醫院家醫科主治醫師　黃柏誠

　　回首自己過去幾年，在簡報、演講、教學的成長之路，可以分成三個階段：

第一階段：簡報的藝術

　　從坊間的投影片書籍、專業的指導課程和實作當中，融入了攝影、廣告的聚焦重點手法，搭配簡約乾淨的風格，讓我從投影片設計得到許多樂趣和成就感。追求投影片的設計得到了一些掌聲，但也慢慢遇到瓶頸：每一張投影片或許都傳遞了一些訊息，但整體沒有很適當的組合和脈絡，也不知道怎麼引發觀眾的興趣和目光。於是我參加了福哥「上台的技術」課程，探索上台的秘密。

第二階段：上台的技術

　　這個階段得到的啟發，就是投影片其實只是上台環節的一部分。從思考目的、組織材料、開場吸引注意力、使用各式素材和故事、和觀眾互動、結尾回顧重點、喚起實際行動等等，讓我眼界大開，終於知道整個上台過程環環相扣的細節。從自己選定主題、刻意練習上台的技術，到以指導者身分觀察別人上台並給予回饋，更深化了學習的印象。有時不免好奇，這麼有效的學習方式，是怎麼設計出來的？這時福哥「教學的技術」課程，開得正是時候。

第三階段：教學的技術

　　課程裡得到最大的體悟，就是所有看似寫意的教學段落，實則都經過精準的設計。開場時營造信任感與凝聚團隊動力、分組討論、選擇襯托的背景音樂、示範到演練再到回饋的技巧、課程設計如何兼顧目標與內容、點數獎勵排行榜等遊戲化元素，當然還有最後集大成的綜合演練。每個學習段落都有個核心，再以種種教學手法包

覆其外。

　　課程也帶領我重新揣摩新手的學習心境。我是喜歡教學的，尤其是把複雜的內容化繁為簡，用好懂的語言、視覺化的呈現傳遞出來，是件很有成就感的工作。身在教學醫院裡被賦予教學的使命，有時會覺得自己漸漸忘了當初像張白紙，什麼也不懂的感覺，當自己努力解說的內容，換來的是台下學員困惑的表情，甚至有學生就此放棄聽課，看了相當挫折。教學的技術課程讓我發現，沒有枯燥的內容，只有無趣又不了解初學者想法的教學方式。

　　參加過課程後，把過去偶爾在課堂上使用的手法升級，陸續加入分組、問答、討論、競賽與積分等元素，不意外的，當學生不再只是被動聆聽和看投影片，而是被帶入一個從學習中得到成就感的情境，親身思考和參與知識的建構過程，產生了熱情，效果自然也不再打折扣，甚至會提出令人激賞的問題和挑戰；老師的身分也不再是單向的傳遞，而是點起火苗，讓燃料自己持續延燒。

　　這是一趟未竟的學習之旅，從過去以自己的傳達呈現為中心，演變成以台下觀眾的最後收穫為目的，每一段的修練，都成為下一段的養分，彼此層層相疊。

7

更上層樓的實戰技巧

7-1　在不確定中追求確定性

　　場景是某金控公司的演講現場,照例我在正式上課前二十五分鐘就抵達現場,開始測試設備及音效。

　　然而,才剛把音源線接上筆電,喇叭便突然響起「嗯……」的雜訊聲。HR 手忙腳亂地請工程人員來,說是這個場地的音源線常有雜訊,需要一點時間排除,請我在旁稍候。

　　你一定會這樣想:可是等一下演講就要開始了,萬一時間到了還沒處理好,這可怎麼辦?

　　看著 HR 像熱鍋上的螞蟻跑來跑去,我淡定地拿打開包包,拿出隨身攜帶的外接小喇叭,接上我的筆電,把麥克風靠在外接喇叭旁,按了一下音樂的播放鍵,現場立即響起音樂聲,而且一點雜訊也沒有。設備人員驚訝地看著我:「老師,這是您自己帶的哦?」

　　切換到另一個場景。那是我第一次到國家最高階的科技研究部門教課。連續兩天,一天在竹科,一天在台北。第一天,一早走到教室、開始測試設備時,現場人員問我:「老師需要簡報器、電腦、音源線嗎?」我笑著說:「不用,用我自己的就好。」承辦 HR 這時剛好走進教室,聽到我們的對答,不禁瞪大了眼睛說:

「老師什麼設備都自己帶！這樣不會很重嗎？」。因為時間還早，我便問他：「你有看過職棒比賽嗎？」他點了點點頭。

維持相同的高水準表現

如果你也看過職棒比賽，一定早就發現職棒選手都會帶自己的設備，球棒、手套等一定用自己的，而且往往是一模一樣的兩個手套、三四根球棒！因為這些設備自己每天接觸，用起來最順手。

很多職業選手還有某些怪癖。除了比賽會穿自己習慣的內衣、做完全一樣的進場動作，譬如永遠先踏出左腳，揮棒前先晃三下，或像籃球選手罰球前先拍兩下球。

「這些動作的目的並不是迷信，而是在不確定的狀態中取得一種確定性！」我說。

「在不確定中取得一種確定性？這是什麼意思啊？」HR 問。

職業選手生涯中面對的比賽，沒有兩場是完全相同的，但他們的工作要求，卻是必須在每一場比賽都有同樣優秀的表現。我們職業講師也一樣，每次在不同的公司、不同的訓練教室授課，面對不同的學員，也都有不一樣的挑戰，但每一次上課都必須有同樣高水準的表現，才能讓學員滿載而歸。為了在每天轉換的教學現場有相同的好表現，這幾年下來，我也有了一些「怪癖」——固定的教學準備，好讓我在不確定的狀態下都能擁有確定的好表現。

以下兩大部分，就是我每次上台都會努力確保的事。

設備不會出狀況

除了投影機外，基本上全套的設備——像筆電、小喇叭、簡報器、小時鐘——我都會隨身攜帶。特別是筆電和小喇叭，是最重要的兩個關鍵。

如果上課時使用現場的電腦，經常會有檔案格式不合、字型跑掉，或是影片無法播放的狀況；音源線也經常發生問題，不是傳送不出聲音，就是夾帶惱人的雜訊。這時只要一個小喇叭加一個麥克風，就可以馬上解決聲音播放的問題。

此外，簡報器我也建議帶自己順手的，不建議用主辦單位或跟其他講師借。我就遇過用別人的簡報器，造成切換不順的狀況。相信我：如果這些不確定因素你都可以用確定的設備解決，每次上台授課或簡報前，你都會非常有信心！

建立一套固定的上台流程

每次上課前的準備階段，我總是遵守一個固定的流程——設備確認→聲音測試→投影機投出→切換檢查，甚至還會確認一下現場桌型的排法。

上台前，我習慣去洗手間照一下鏡子，看看自己的狀態。如果當天不用那麼正式，我穿的都是鐵灰色的 Polo 衫，幾年來都是這樣；如果當天必須穿著西裝上台，我會好好地照著鏡子，把領帶打好。這樣透過一套固定的儀式，讓自己轉換進入準備上台的模式。

前提：提早到場

　　在每個不確定的環境下發揮確定的好表現，是每位職業選手追求的目標。身為職業講師，我一定會帶著自己最順手的設備，建立一套固定的上台流程；除了避免意外，這些其實都有強化心理的作用。

　　前提就是：你得提早到現場，才有時間去好好準備，讓自己進入一個好的狀態。別忘了，這些要求不但能讓你每次上台固定有好表現，更能讓台下的學員有好的學習與收穫。

7-2 教室管理：電腦與手機

　　知名國際大廠的企業內訓課程，再過一分鐘就要開始了，但我看到，坐在最後面的兩位銷售主管還是沒打算關掉筆電，所以我請 HR 再宣布一次：「上課時請把電腦關上。」讓大家可以專注在課程上。沒想到，HR 面有難色地跟我說：「老師，這兩位主管臨時接到一個重要任務，早上必須先完成一份銷售報告給老闆。所以，可不可以讓他們電腦先開著，一邊上課、一邊處理一下重要公事？」然後，HR 帶著懇求的口氣說：「我保證，任務處理完後，我就會馬上請他們合上筆電。」

　　這個時候，如果講師是你，你會怎麼做？

　　再換一個場景。這回是某科技大廠業務訓練現場，才上課沒多久，坐在角落的 Tom 手機就響了，他接起電話，用手摀住嘴巴，放小音量說：「我在上課啦……對對對，那個出貨單打錯了，要修正……正確數量是……。」雖然他已經盡可能放低音量，但還是足以讓全班知道有人在講電話。沒想到，手機才掛掉沒多久，下一通電話又來了……。

　　再一次，如果講師是你，這個時候應該怎麼辦？

一發不可收拾的傳染病

上述這兩個場景，都是極為真實、幾乎每位講師都會在企業內訓現場遇到的問題。如果你放著不處理，這些動作或行為馬上就會像傳染病一樣蔓延開來！

你覺得這麼形容似乎有點誇張嗎？好，我們來推理一下這兩個場景的後續發展：

場景一的主管，一邊上課一邊開著筆電處理公事，只要你不處理，接下來就會有更多學員打開筆電處理公事（「你有待辦急事？我也有！」），然後大家都在看筆電（處理公務者有之，但也有人在看 FB 或用 Line 聊天），學習成效一落千丈。

場景二的電話，相信我，就算學員只有十幾個，手機也永遠接不完！第一次不處理，接下來手機鈴聲就會響個不停；打斷上課的節奏是小事，影響學習才是大事！（你喜歡在上課時，聽到旁邊有人講電話嗎？）

所以，結論是：身為教學者，你必須在一開始就有技巧地進行教室管理，建立教室規則。

千萬別和筆電爭搶注意力

每回一開始上課時，我都會請 HR 宣布：「請大家把筆電關上！」為什麼要請 HR 宣布？而不是講師自己宣布呢？請先思考一下，最後我會公布解答。（你猜到原因了嗎？這又是一個 Know-How）。而我也會在課程開始就預先講明中間下課的時間，讓學員清楚知道何時、有多久能夠專心使用電腦處理公事。

你會發現，只要筆電一關上，大家的視線自然投向教學者及

台上，更專注於學習，效果及互動才會很好。千萬不要和筆電或FB 爭搶注意力，直接關掉筆電才是解決之道。

像場景一的情況，當天我直接建議 HR：「請主管先回辦公室好好處理完公事再來上課，這樣效果更好。要不然，人在教室，找資料及回訊息都不方便。」語氣一定平和，態度卻永遠堅定。

說完之後，其實 HR 懂得我的堅持，於是就敦請身有要事的主管先回辦公室處理公務。以那一次經驗為例，中午時，那兩位主管都傳了訊息給 HR，謝謝他的體諒！並且說，下一次有機會一定會好好來上課。

手機管理

基本上，在我企業內訓的現場，很少很少會聽到手機響（至少這半年來都沒聽過）；不管是多知名、多忙碌的企業，學員上課時手機都不會響！而且，並不是因為我強制要求，或是請 HR 在大家進教室前設置一個「手機集中營」，暫時沒收大家的手機（真的有企業這麼做）。

我的做法很簡單：課程開始，在完成開場自我介紹及課程說明之後，我會請大家配合我三件事，其中一件事就跟手機有關。

我會說：「請大家配合，今天上課時都把手機關震動或是靜音！我知道各位很忙，如果真的有緊急或重要的電話，可以直接拿著手機到教室外面講，完全沒有問題！講完記得回來就好。所以，今天請大家在教室中，手機不要響，不要接手機。」

一說完，我就會刻意走到一個學員前面，然後問他：

「那如果在上課過程中，有人手機響了……你猜會怎麼樣？」（只停頓兩秒鐘，讓學員來不及回答。）

「答案是，不會怎麼樣！」（現場多半會大笑。）

「我們今天沒有任何懲罰機制，如果有人手機響了，完全沒事！但是其他每一組立刻會拿到 5000 分的籌碼！（大家又大笑。）然後，請不要故意 call 別組的手機，這樣不道德（再一次大笑）。」

就只是在開場跟大家做了這樣的約定，我在過去十年的企業教學現場，真的很少很少聽到有手機響！這樣半開玩笑的方式，不懲罰手機響的人而是獎勵其他小組的做法，也讓我們不曾因為手機管理的問題，破壞學員上課的心情。反而是當上課中有人手機響的時候，其他人都蠻開心的，甚至還有人歡呼呢！

正視事情的根源

手機與筆電，都是搶奪學習注意力的現代工具。為了追求更好的教學效果，上課之前我一定會想辦法和學生約法三章，減少學習的干擾。

當然，也不排除有人用筆電做筆記（到底是在做筆記還是處理公事，有經驗的老師一定看得出來）。筆記是沒問題，但處理公事一定會嚴重影響學習。

不過如果等到開場後才宣布關筆電，這時開場時講的一些重點：例如自我介紹或課程內容，台下因為多半集中注意力在筆電上，反而沒怎麼留意去聽了。可是如果一開始還沒建立信任時，就請大家先關上筆電。感覺上好像講師一開始就當壞人，這當然不會是什麼好事，所以我才都請 HR 幫忙，在上課前就宣布：「今天的課程不會用到電腦，請大家把電腦蓋上。」萬一有人很堅持不蓋上……講師在一開始上課時再處理一下，就可以了。至於手機關震動或靜音的部分，我則會等自我介紹完、進行課程約定時

宣布,請大家承諾配合。

不過,回到所有事情的根源:你教的課,是不是讓學生覺得有價值,值得全心投入、全神貫注?是不是豐富到讓台下連拍照的時間都沒有,更不要說打開電腦了?那就是另一個層次的問題了。

7-3　如何準時上課？從第二堂課開始

　　還記得 3-1 談過的「上課該不該準時？」我們討論到第一堂課開始時，面對姍姍來遲的學員，講師究竟應該選擇準時開始，還是要等一下？

　　你也應該還記得，我是這樣認為：從講師的角度，提早到現場才是準時！但從學習的角度，還是要看學員報到的狀況，最好是 80％以上學員到齊才開始上課，以免陸續進入的學員打亂了課程開場時的講授。我在那一節裡提供了幾個秘訣：請 HR 預告時間、不要懲罰準時的人，還有老師站位的考量。這些指的都是第一堂開始之前，因為老師和學員還不認識，也無法控制報到以及開始的時間，就只能請 HR 多加協助。

三大核心做法

　　但是，如果是半天或一整天的課，中間就一定有幾次下課休息再回來上課的情況。從第二堂課開始，好的講師一定有辦法控制課程時間，讓大家準時回來，準時繼續上課！

　　做法就是這三大核心：下課前提醒、遊戲化計分、以身作則！接下來，我們就一一來看這三件事要如何進行。

一、下課前提醒

宣布下課時，講師一定要同時提醒：「我們下一堂課會準時開始，請大家在幾點幾分時準時回來！時間以教室內這個時鐘為準。」重點是，還要補上一句，「各位回來的時間，會與小組成績有關」，或是「下一堂課全組準時到場的就加 1000 分」。這樣下課前的提醒，預告了下一堂課準時開始，而且會列入小組記分。

二、遊戲化計分

預定上課的時間一到，我一定會準時開始，並且問台下：「請問哪幾組已經到齊了？請舉手讓我知道。」這時到齊的小組就會有人舉手，我則依照先前提到的方式來進行加分！如果某個小組因為人沒到齊而無法加到分數，小組成員自然會感受到團隊壓力，不需要老師再出手點名遲到的同學。

當然，這麼做的前提是：老師已經開始進行課程遊戲化的計分操作，並且有相對應的積分、獎勵、排行榜的機制。否則這個加分就不痛不癢，沒有意義了！

要特別提醒的是：「我們只有加分，沒有扣分！」永遠採用正面獎勵，別用扣分懲罰學員。另外，不需要增添團康元素，像是全組到齊時手牽手說：「到齊！」在課程加入遊戲化並不是團康，不需要做這些過度的操作。

三、以身作則

老師要求學生準時上課，自己當然也要做到。千萬不要說了幾點幾分開始上課，結果反而老師自己遲到！只要老師在預定的時間前出現在教室裡，時間一到準時開始，學員就知道這是玩真

的，下一堂課也會準時回來。

先前已特別提過，我甚至還會校準教室裡的時間（把時鐘拿下來調時間），這樣大家才會有一個共同遵循的依據。

要怎麼收穫，先那麼栽

當然了，你也可以什麼都不預告，第二堂課時任由大家姍姍來遲，然後讓準時回來的學員和講師一起等待晚進教室的人；但是，這也可以說是對準時學員的一種懲罰，極可能導致大家越來越晚回到教室，簡單說就是開啟了「惡性循環」！

另一個極端做法，則是不管人回來了多少，反正時間一到就準時開始，晚十分鐘回來的就聽不到前十分鐘的課。

我認為，這兩種做法都對老師和學生有害無益。其實只要透過「下課前提醒、遊戲化計分、以身作則」，從第二堂課開始，至少會有 95％的學員準時結束休息，出現在位置上，之後每一堂也都能順利開始。當然重點還是整體課程遊戲化的設計，才會讓這樣的操作更順利。

7-4　音樂的重要性

上過「憲福育創系列課程」的夥伴們，可能都已發現，我們非常注意音樂的運用。

課程還沒開始，授課現場就會響起輕輕的音樂聲，陪著大家入座；小組討論開始時，會有一段比較急促的音樂催著大家；下課及中午休息時，則會以柔和的音樂讓大家放鬆一下；課程競賽宣布名次時，伴隨著激勵人心的樂聲；甚至當課程結束，學員在填寫問卷或收拾東西時，音樂也會伴隨著大家到離開教室為止。

簡單，卻摸索許久

在剛開始教課時，我其實也沒有那麼注意音樂，反而是在有幾次聽了不同客戶的建議後，才慢慢學會如何應用。就像很多現在覺得理所當然的 Know-How，全是摸索很久才知道的。

如今回想，那是有一次我去知名跨國公司教課，提前半小時先到現場檢視設備。我一邊測試，學員也陸陸續續進場，現場只有學員小聲的交談，以及我在測試設備與 Mic 的聲音。當時的 HR 看著我，提醒我：「老師，你電腦裡面有音樂嗎？要不要先放一點輕音樂，讓現場氣氛比較不會那麼乾？」他這麼一提醒，我就

懂了！課前報到大約有二十分鐘的空檔，如果讓學員在一進來時就能聽到輕鬆的音樂，多少會讓大家的心情更愉快。

即便那時就已經開竅，我還是沒意識到運用音樂的另一個時機點（再一次，一個簡單的 Know-How 卻要摸索很久）：也就是小組討論或演練準備的階段！以前在請學員開始討論或練習後，我都只用口語倒數時間，來催促大家加快進度。（還記得小組討論的操作秘訣嗎？）可是，有一次我回到老東家上講師訓時，我的老長官照哥提醒我：討論階段放一點節奏明快的音樂，可以幫助大家無形之中加快腳步，也讓現場的氣氛更熱絡！我立刻採納這個建議，果然得到很好的效果。從此之後，我就非常注意課程中音樂的使用。

搭配得宜，效果才會好

當然，要在課程中用對音樂，達到畫龍點睛卻又不干擾課程的進行，還是有幾個要注意的地方：運用時機、音樂類型和播放方式。

運用時機

當課程出現長時間空白，也就是講師不講話讓學員討論、演練時，或者純粹是下課時間、一開始的報到、午間休息，以及下課結束到學員離開教室前，這些長空白的時段，都可以搭配上一段淡淡的音樂。對於教室現場的氣氛，會有很大的加分！

每次我進入教室現場、打開電腦設備後，第一件事情就是讓音樂淡淡地播放出來，整個空間瞬間讓人感覺很好。課程結束後，我也不會馬上關電腦、趕著收東西，而是讓音樂放到最後，陪伴

學員完成一天的課程。雖然是很小的細節，但就是這些決定了講師是職業選手還是一般選手。

音樂類型

音樂的目的是背景陪襯，所以我個人的習慣是用無人聲的純音樂，比較不會造成干擾。在網路或 YouTube 上，都可以找到許多沒有版權問題的音樂（用 No Copyright Music 關鍵字找）。依據現場的氣氛，可以搭配不同調性的音樂。譬如：討論時可以用輕快的音樂，報到或休息時則用輕鬆的音樂，頒獎時改用激勵的音樂，心得分享時可以用感性一點的音樂。

每個人喜好不同，音樂的選擇也會不同，但是我建議，同一個氛圍只選一首同樣的音樂，譬如課間討論跟演練都用同一首曲子，一整天下來，只要這音樂一播放，無形中就暗示學員要開始討論了。教學時，暗示的一致性是有幫助的。

播放方式

最好的播放方式，是把音樂內嵌入投影片，與上課的節奏完全整合在一起；也就是當投影片出現討論或演練主題後，下一個按鍵就是音樂播放，然後再一個按鍵就讓音樂停止，講師都無需動到播放／停止鍵，整體節奏才會更明快——老師一說「請大家開始討論／演練」，下一秒鐘音樂馬上出來！

當然，如果是上課前、中場休息和下課後，播放音樂的時間比較長，節奏要求沒那麼快，就不需要整合入投影片了。

還有，音量的大小也要控制好。最重要的是不能喧賓奪主，干擾課程的進行！討論時播放的音量要小一點，讓學員都聽得到

卻不受干擾；反之，頒獎時的音樂要大聲一點，才會塑造出熱烈的氛圍。這些都需要講師們事前多多練習，當下仔細觀察現場的變化，「配樂」的功力才能日益精進。

重視細節，追求極致

在課程中，音樂雖然不是「必要」條件，卻能由此看出職業選手與一般選手的細微差別。我身邊的好友講師們，對於音樂的喜好各不相同，但共同的是：都懂得運用音樂來塑造現場氣氛！

說實話，大部分的教學現場，其實不會／也不一定需要講究這些細節，只要老師教得好，一切都 OK！但是，身為（或有志成為）職業選手，你就必須在每個教學細節中追求極致的可能性。音樂只是過程中的一個手法，最終的目的還是：讓課程更精彩，讓學習更有效，讓學生有更多的收穫！

7-5　抓緊時間，才會忘記時間

　　性格內向、卻常需要站在眾人前簡報的 Joe，報名參加我的「專業簡報力」課程。在第一天的課程結束後，Joe 對我提出了一個他遇到的問題：

　　「課程節奏超快，大家壓力超大！福哥抓緊每段的時間，還不斷在倒數！課上完之後，我跟幾位平常容易緊張的同學都胃痛了啊！」「以後課程可以拉長一點、放鬆一點嗎？」

　　我笑著回應：「因為上課而造成大家胃痛，是我的不對！但是，時間壓力及節奏壓力，都是刻意的！」

　　「刻意的？為什麼？」順著這個好奇，我在好好解釋之前先問了 Joe 幾個問題：

　　「上課的過程，你有愛睏或打瞌睡嗎？」我問。

　　「開玩笑！連精神集中都快跟不上，腦子轉到發熱了！」他這麼回答。

　　我接著再問：「那你有滑過手機、檢查過 email 嗎？」他搖了搖頭，給我一個苦笑，表情是：「最好是還有時間滑手機。」

　　最後一個問題，我問：「剛才演練時要派人上台，你有猶豫嗎？」他想了一想說：「因為時間很緊，我們根本來不及猶豫，

就趕緊上台了，所以好像也沒有想太多。」

塑造出「心流」狀態

當然，一般的課程都是平順地（或是緩慢地）進行，不會有太大的壓力；也就是說，學員也許只要用一半、甚至更少的注意力，就能跟上講師的進度。然而，這也表示學員會有很多的時間胡思亂想——想工作、想上網、想回信、想看其他人在做些什麼。如果節奏再放得更慢，就會有人開始打瞌睡了！

反過來說，如果講師能抓緊上課的時間、掌控節奏，甚至刻意創造一點時間壓力，讓學員一定要全心投入才能完成講師交付的任務，你就會發現學員沒有時間發呆、沒有時間愛睏、沒有時間滑手機。如果再加上一些教學技巧的操作，以及講師扎實的課程，甚至可以塑造出「心流」（Flow）的狀態：在強大的時間壓力下，讓學員反而忘記時間的流動！雖然每一段討論都需要時間，但一整天課程上下來，學員會覺得時間過得很快，甚至忘記了時間。

加快課程節奏的方法

當然，要達到這樣的狀態，其實也沒那麼簡單。下面幾件事有助於塑造課程的時間壓力，並加快課程節奏的進行：

一、寧願緊而不要鬆

課間討論或演練的過程要控制好時間，這方面已在「小組討論法」及「演練法」中談過了。除了抓緊時間外，講師也應該主動倒數，提醒時間的前進。另外，音樂的搭配也可以塑造更緊湊

的感覺。

二、不斷轉換教學法

　　課程節奏的另一層意義，就是不斷轉換教學法，技巧一個接一個、討論一個接一個、演練一個接一個，教學法無縫切換，但仍扣緊課程主題。一直講述當然就會感覺節奏很慢，反過來說，如果一直演練也會讓人太過疲倦。因此不能一個方法用到底，而是要設計不同的教學法，在過程中持續變換運用。

　　但一定要記住：不要偏離教學目標！不可只為了多用方法而轉換方法，要以學習成效為導向，判斷如何以及換用哪一種方法。

三、改變根本觀念

　　相信有講師會覺得，學得快就代表學得不扎實。但我們不妨轉個角度來看：學得慢，就一定學得扎實嗎？尤其是企業講師，大部分的課程都被要求在一天內完成，因此不但我們沒時間慢慢教，學員也期待現學現用！實務上，像 MJ 老師的數字力課程，可以把原本四個學年都學不會的財務報表，讓學員在一天之內學會，而且還能實際應用！還有一天之內就能學會創新的思考技巧（Adam 老師）、讓你能夠說出影響力與教出好幫手（憲哥），或是變成一個會說故事、寫金句的故事王（火星爺爺）……；還有太多太多的企業講師，都能在一天內讓學員大幅改變。所以，不要再說課程太短、上課太趕，而是要想一想：你的課程節奏夠明快嗎？你有善用時間的壓力，來集中學員的注意力嗎？

因為壓力而忘記壓力

經過我這些解釋後，Joe 才完全清楚，原來所有的課程壓力和計時，都是老師故意為之的！目的是讓大家在時間壓力下，忘記要上台完成任務的壓力；因為不斷注意每段討論的時間，反而忘記了整個課程的時間。Joe 也在上完課後華麗變身，踏上簡報的大舞台並有了更好的成效，幫助他服務的組織在全世界提高了曝光度，並真真實實地募到了更多的善款，幫助貧困的家庭及兒童。撇開壓力不說，這才是學習真正的意義，不是嗎？

7-6　翻轉企業教學——不用教也能學

　　很多公司的新人訓練，都有兩門很不好教的課程：公司簡介與產品介紹。

　　照道理說，每一個新人都必須知道公司的狀況，熟悉產品的細節。這也是這兩門課之所以難教的原因：必須採取大量講述！而且，在新人不懂公司歷史或產品細節的狀況下，很難進行有價值或夠水準的討論。而單向式講述的結果，便是老師在台上講了一籮筐，台下的新人卻只吸收了一丁點，聽講的時候好像全聽懂了，一旦新人面對客戶，要介紹公司或產品時又往往有不少問題。

　　高科技大廠訓練講師 Ann 就遭遇到上述問題。每次教這兩門課時，台下總是陷入沉悶無語，講師也不知道學員懂不懂；問的時候大家都點頭，可是真正要驗收學習成果（還記得演練法的技巧嗎？演練就是一種驗收！），大家又表現不好。「到底要怎麼辦？」有一天他問我。

　　「很簡單！既然這兩門課不容易教，那就不要教！」聽我這麼說，Ann 以為我在開玩笑，急忙回我：「不行啦！這是公司新人訓練必備的兩門課，新人一定要學，不能不教啊！」

　　「我只說你不用教，並沒有說學員不用學呀！也許不用教，

大家還學得更好！」聽我這麼說，Ann 更迷糊了。

教室外的學習

　　面對一些很難在教學上有所變化，或是很基礎的課程，像上述的公司簡介、產品簡介，或是基本動作的操作，如下載某一個軟體、建立某些帳號，或是新進同仁必須了解的基本知識或資訊，其實可以考慮不要在教室裡進行教學，而是設計成課前作業，請同仁回去自己準備！這樣每個人就可以依照自己的進度學習，或是去找必要的資料，而不會在上課時枯燥無聊。

　　當然，為了取得更好的學習成效，講師必須設計一些課程的活動，用來驗收大家的學習成果。譬如以「公司／產品簡介」的課程為例，講師可以直接把課程設計為：請新人自行尋找相關資訊，當天來教室時，會請每一位都上台進行五分鐘的公司／產品簡介簡報（時間可視總人數自訂），並接受講師與其他學員的提問。最好再加上一句：「當天的表現，也是各位通過試用期的考核標準之一！」

　　你覺得，如果這樣子設計課程，學員會不會很認真呢？

　　我已不斷強調：如果上課時，老師只是把原來已經整理好的知識，再次在教室中複述一遍，這樣的課程真的有價值嗎？為什麼不讓成人學員自己去找資料、自己做功課、自己摸索及學習呢？這樣的方法，也許會有更好的效果。

老師的任務

　　當然，學生自己學習時，老師可也不閒著。最起碼，老師要思考一下這三件事：

一、明確的作業目標及資源

老師如果希望讓學生在課堂外自主學習，就應該讓學生清楚了解：課前作業有哪些目標？預期看到什麼樣的成果？最好逐項列出作業的要求，並提供一些指引，讓學生知道可以從哪些地方找到資料。

以前面談到的公司／產品簡介為例，講師就必須讓學員知道：課前作業的目標是假設新人遇到客戶時，要能做好五分鐘的公司／產品簡介，並回答客戶隨機的三個個問題；相關的資料，可以在公司網站或從公司產品手冊裡尋找，也可以問一下例如業務部門的某幾位同仁，他們是有經驗的優秀員工，會很樂意回答新人的問題。

二、設計驗收方法

先排除筆試這個選項，因為企業內訓的核心從來不在於知識的背誦，而是實際的運用。因此，如果是操作型的技巧，那麼設計成演練是很好的做法；像公司簡介或產品介紹，就直接請學員在教室外準備好，上課時直接上台做公司簡介或產品介紹，並且可以更擬真地請台下其他學員從客戶的角度發問，或給報告者回饋，這樣會有更好的效果！

透過像「公司簡介」或「產品簡介」的演練，講師也可以清楚了解每個人吸收的狀況。

三、設定中間檢查點

人總是有惰性，千萬不能等講師進到教室，才發現有人沒有完成課堂外的作業；因此，一定要在課前就設定檢查點或交作業

的時間。甚至要有多個檢查點，才能確保課外學習是確實而完整的，像是我跟憲哥與何飛鵬社長一起開的「寫出影響力」課程，教大家寫作技巧以及如何出版一本書。由於寫作這件事，在技巧之外，還要真的動手去寫才是關鍵，因此我們在課前作業就規劃了很多的寫作練習（超過十篇以上，約一萬五千字的寫作，大概是本書這一章的長度）。而且每個人最新的進度都必須公布在課程社群中，雖然很硬，但效果非常好。因為這樣的課程設計，有幾位學員在課程結束後不久，就真的出了他人生的第一本書。

進不進教室，考量的都是成效

只要是屬於基礎的課程，講師都可以先想一想：這個教程是進教室教最好？還是在教室外學習更好？

成人學員是有自主學習能力的，很多時候，需要的只是老師的精心規劃：哪些部分可以設計成課前作業？怎麼明確訂定目標？如何提供必要資源及支持？最後才在教室裡驗收成果。

這個做法很像是好友台大教授葉丙成老師推動的「翻轉教學」。不過，雖然翻轉了學習空間及時間，從教室內移到教室外，但核心還是不變：怎麼做才會有更好的學習成效？這一點，永遠是一切教學技術考量的核心。

7-7 「教學的技術」能應用在學校嗎？

讀了我這許多「教學的技術」後，不免會有老師質疑：「這些教學的技術確實可以用在企業訓練現場，但也能夠用在學校教學嗎？」

先講結論：「職業級的教學技巧，當然可以運用在校園的教學現場！只是，使用時要做一些適當的轉換。」

學生比企業人士好教嗎？

大學生有比企業的專業人士好教嗎？我的經驗是：並沒有！

在當職業講師的初期，我曾經在三間大學授課過兩個學年。既教過日間部、進修部，也教過二技、四技及五專，國立與私立都有，選修和必修都教。

當初因為是兼任，教的科目很「多元」。除了基於 EMBA 的背景教了行銷管理，也因為那時在大陸公司當顧問而教了大陸市場研究，還因先前金融保險業務工作而教了財務投資、商業保險、期貨與選擇權。當然我最熟悉的電腦軟體——電腦內容管理系統 Joomla ——也是我授課的科目之一。

我可以斬釘截鐵地說，相較於企業員工，大學生並沒有比較

好教！而且不論國立或私立、日間部、夜間部或進修部，十年前如此，現在也還是如此！

我曾經遇過學生到第二堂課才姍姍來遲，手上還帶著一顆籃球；我也曾看過許多學生，上課時無神又無奈地看著台上，好像光坐在教室裡就是一件非常痛苦的事！（我真的很想說：「同學，沒人強迫你好嗎！」）至於進修部的同學們，往往都得白天辛苦工作後，晚上再來學校，放空更是司空見慣。即使近幾年來我雖然已經沒在大學教課，但偶爾幾次回到校園演講，光是開場前看著台下學生們的表情，我就知道狀況不但沒有改善，反而變得更難教了！因為……智慧型手機出現了！老師要對抗的，已不只是低學習動機，還有高吸引力的手機！

那該怎麼辦呢？教學的技術拿到學校，會有用嗎？

從分組開始

不論是十年前在學校的教學，或是後來陸續幾次到校園演講，分組的機制一直是我操作教學技巧的核心。因為有分組，才能把個人的表現包裝在團隊裡面。你可以想像一下：一個很積極參與課程的學生，其實是會被同儕排斥的（愛現？想巴結老師？）。但當他的身分變成「小組成員」，而所有的表現都以小組為單位計分後，他的積極就不再被看成為了他自己，而是為了他的小組！為團隊努力，反而會激發個人更好的表現。

講述法之外的教學

講述法雖然效率很高（只要講就好了），但是效果真的不好！這點應該不用我證明，老師們只要看看台下學生的表情就知道了。

（你確定他的靈魂還在教室裡嗎？）我當然不排除有口若懸河、談笑風生，三分鐘一個笑話、五分鐘一個故事的老師，但相信我，要達到這樣高水準的講述，難度反而更高！

取而代之的是：有沒有講述法之外的教學可能性？

「問答法」當然是基礎，但是只用問答法是撐不了多久的。有沒有可能提出一些可供小組討論、並且發表意見的題目？或是加入一些影片，讓學生們看完後討論，或是討論完後用影片驗證？有可能加入實作嗎？有可能以一個又一個的案例分析進行操作、討論、實作，最後再做個總結嗎？有可能進行教室外的教學嗎？先請學生做完一些教室外的功課，或請學生去訪談專業人士之後，回來總結學習？而像翻轉教室型的教學，請大家在教室外完成學習，再回到教室中進行問題的討論……；凡此種種，全都是非講述型的教學，而且會有很好的成效！

在大學兼任教學的那幾年，我曾經在教室裡設計一個投資模擬遊戲，用某一段時間的大盤漲跌，配合真實的新聞時事，再加上籌碼機制，讓學生體會期貨操作的狀況與風險。學生們跟著時事上下起伏，最後籌碼被清空，對於風險的體會，這比我說再多都還要深刻！

我們也曾經在行銷管理的課堂上，以 Nike 和麥當勞的真實案例，做行銷策略的小組討論，然後再以真實的影片比對學生的答案。還有像是「大陸市場研究」，我直接要求學生訪談兩位目前還在大陸經商或工作的台商，詢問大陸市場的經歷與經驗，然後在課堂上總結報告。為了確認訪談水準，事先我要求學生擬好訪談大綱，並且解釋為什麼他們要問那些問題、預期會得到什麼答案。

除了上課，我還曾經以提案大賽或簡報的方式，取代傳統的期末考筆試，讓學生在規定的期間內分析問題、蒐集資料，最後提出想法、完成報告。

總而言之，只要老師們有心，並且願意做些創新，我相信一定能成功轉化這些教學的技術，讓學校教室有如企業內訓教學現場，充滿互動與學習的樂趣！

導入遊戲化機制

相較於現在，十年前我對教學的遊戲化機制還沒有那麼熟悉。但是在不知不覺中，那時我已經開始操作遊戲化的三大元素：P（積分）、B（獎勵）、L（排行榜）。我會在學生發言與討論時，對小組進行加分和計分的鼓勵，在每堂課後或每個月一次，排名好的小組會得到一些小禮物，有時候只是幾杯飲料或一包零食，同學們就很開心（獎品不是目的，而是給學生一個參與的理由）。不過那時我還不太會用排行榜，所以只有少部分的提案競賽，或是直到學期末，學生才會知道相互間的成績排名。

向學校老師學習

你可能會想：把遊戲化導入學校的教學，應該很難吧？

不久前，我女兒云云（小一）的教學參觀日，我坐在教室後看著班上老師們引導小一的學生上課，就是以小組的方式進行。每個學生的發言會讓小組加分，特別好的發言也會讓自己加分，分數排行榜就在前面的黑板上，老師用磁鐵圖標的高低，即時反應每個小組的分數——累積到一個程度後，就可以換得餅乾或小禮物。我甚至還在現場學了一招圖型化計分的技巧！真感謝云云

之前在 EMBA 課堂上，我的指導教授賴志松老師，展示了如何與學生建立極具信任的互動關係；還有劉興郁老師的「人力資源管理」，把必修課程變成一堂堂生動的個案討論；以及博士班的方國定老師，讓我看到像「質化研究」與「量化研究」這麼硬的課程，如何轉變成實務操作的有效學習。我從他們身上學到了好多的技巧，也轉化成企業內訓的手法。

我相信，不管是幼稚園、國小、國高中，或是大學的老師們，同樣都是很有創意的，只要獲得一點引導和突破，一定就會有令人眼睛一亮的優秀展現！

只要有心，就會有成果

當然，本節只是重點式地提到分組、教學法以及遊戲化，其他像是開場（例如開學第一週，教學重點及學習目標建立）、教室管理（手機與規則，以正面加分取代負面扣分），還有很多教學技術的細節，相信老師們只要有心，一定能找出轉化應用的方式。

雖然我前面提到：學生沒有比企業人士好教，但是企業教學相較於學校，更具有挑戰。因為當台下坐的都是專業人士，手邊的工作無限，但耐心有限，一個剛站上台的企業講師如何馬上控制現場，吸引台下企業人士的投入，讓他們在一整天內收穫滿滿，連打開手機或回 email 的時間都沒有……，全都是需要高度的教學技巧才能完成的任務。

與校園裡的老師相比，企業講師更嚴峻的挑戰則是：只要這一堂課沒教好，下一堂課的約聘就可能直接消失！當教學成效與

實質的業績及收入直接相關連時，才能說是「職業選手」每天面對的挑戰！也因此，世上才存在這些經過實戰驗證的教學技術。很希望提供給學校的老師們，做為未來改變教學的參考。

最令人欣慰的回饋

有一次我在準備搭高鐵時，突然聽到一聲「老師好！」原來是我十幾年前在朝陽科大教過的學生。幾句寒暄之後，他告訴我：「老師，你之前教我的東西，我差不多都忘了」（這樣好像不是讚美），但他接著說：「我還記得我們上課玩過的遊戲！還有你要我們去訪談做的報告……。我最記得的是：你的教學熱情！這影響了我到現在的工作態度（一定是讚美了）。」

身為一個老師，這不就是我們對教育的終極追求嗎？

7-8　常見問題

在「教學的技術」實體課堂上，曾經參與的老師或講師問過我很多非常務實的好問題。我覺得，那些問題一定也是其他人會遇到的，有必要特別整理一下，在此和大家分享。

問題：有長官或資深同仁在的教學現場，也適合用分組的方式操作嗎？

當然可以，唯一的限制是講師的想像力！

先舉個實例好了。仙女老師（余懷瑾）曾經受邀去某大醫院，對台下的醫師們進行演講；沒想到，當天早上院長與各科室的主任都來了。

「這樣的現場，真的適合操作分組嗎？」這個問題不只仙女老師擔心，更擔心的是負責演講邀約的訓練同仁，因為長官在現場，他們壓力也很大！過去他們都沒遇過，有講師「敢」請長官參與互動和討論的情況。看著院長一臉嚴肅，訓練同仁跑過去勸仙女老師：「要不要考慮直接講述就好？因為之前沒有任何老師做過，這樣會不會太突兀？」

面對壓力及不確定，仙女老師的考量還是「要為教學效果負起全責」，然後在演講開始、簡單的自我介紹後，就毅然決然請大家站起來進行分組！然後她看到，連坐在第一排的院長都站起來，找到三個人組成一個小組。不僅如此，接下來的每個活動、搶答、討論，院長及主任們也都積極參與。

更重要的是：演講結束後，長官們讚譽有加，直說這是他們「聽過最棒的演講」！

問題：在看了「教學的技術」文章後，我試著在下一場演講操作更多的互動。那一天的演講我是第二棒，第一堂先由另一個講師講述比較枯燥的法規主題。當我第二堂上台，一開始就先請大家站起來分組，結果是沒有人要理我！我的操作有什麼問題嗎？

分組的操作沒問題，但時機有點問題。可以想像，現場被第一堂課轟炸過，聽眾應該都精疲力盡、了無生趣了。如果第二個講師一上台就切換節奏，要大家開始 High 起來，這時台下應該會想：「現在是什麼狀況？要搞什麼啊？」別意外，學員真的會這麼想，所以配合度一定不會很好！

我的建議是，需要緩慢加溫。先以自我介紹開場，建立信任，再講個簡單的故事，或有小互動激發一下興趣，然後藉由說明課程目標及預期成果，拉高學員們的期待，接著提到：「接下來的課程安排了一些討論跟互動，讓大家能有很多的參與跟學習，但是我需要大家幫我一個忙……」然後才開始操作分組和其他的教學活動。配合現場，逐漸加溫，才會是一個對的節奏！

問題：分組互動是很棒的技巧，但看起來似乎只能在小班級使用；如果是大型演講，現場還能夠這樣操作嗎？有哪些和小班級不一樣的調整呢？

目前為止，我在大型演講現場運用分組互動，最多的人數是400人；而且整場的動力都很高，不是只有部分參與，而是全部的人都很投入！

當然幾個細節的調整，小班級與大場演講會有些不同。譬如分組的人數，大型現場分組時，每組的人數反而要少一點，大約三～四人，讓他們能左右轉頭討論即可。還有記分方式，不大可能由講師或助理計分（除非像任性哥 MJ 老師，配置了二十位助理用籌碼計分），因此，大現場我會請小組選出組長負責計分。

最重要的是操作的方式，因為人數／組數都多，反而不建議操作「搶答」，因為在大型場合中，搶答往往只會有少數組別參與，其他的小組一旦沒有跟上（或是老搶不到），就會冷淡下來。因此要操作大家可以一起參與的，例如排排看、連連看、先寫答案後對答案等方法。至於問答或小組討論後發表只能當成點綴，也不建議全部拿掉，因為還是有加溫的效果。

其他像是計分的方式，排排看答對一個加多少分？次序全對加多少分？問答或發表怎麼加分？也都是要思考及設計的。

問題：看起來要做好「教學的技術」真的好麻煩啊！能不能不要用這些技術，老師認真教、學生認真學就好？

當然可以！在美好的世界裡，應該是老師有教無類、學生求

知若渴、一切美好世界大同……，我也很希望所有教學現場都是這樣，什麼「教學的技術」都不需要，只要老師教了，學生就用心揣摩，用力學會，然後舉一反三，超級認真！

我相信世上一定有這樣的教室，只是我還沒遇到！

其實，一切的學習都和動機有關，要是學生的學習動機非常強烈，老師用什麼教學法都不重要，反正學生會想辦法學會。舉個例子，如果公司有某個認證考試，通過了才能留任、繼續工作，那麼，即使是最枯燥的法條，相信學員也會想辦法搞定。

由此可推，如果每個通過課後考試的學員，都能獲得一隻最新版的 iPhone 做為獎勵，同樣地，講師也不需要任何教學的技術，學員就會為了高額的誘人獎品，和上述例子一樣把學習動機拉到極高，老師怎麼教都可以，甚至不教也可以！

只是，這些極端的情境我們都不常遇到，或是也無法提供；我們會遇到的，都是「正常的學生」，有著「正常的學習動機」，也都很正常的會疲累、會想睡……。而我們之所以要這麼努力學習和應用教學的技術，就是想在每個「正常的」學習現場把學生們轉變成「不正常」的投入！這才是「教學的技術」精義所在啊！

其實，不用（或是不會用）教學的技術，反而才是正常的。像各位讀者這麼認真學習「教學的技術」的老師，我要說，反而才是不正常呢！所以，我要向這些「不正常」，甚至「異常」認真的老師們，表達我最深的敬意！

向您的不正常，致敬！

應用心得分享

翻閱教學字典，應用自如

企業講師、心理師、圖像式溝通系列作者　汪士瑋

　　那天，就像一個再正常不過的授課日，我走進寬敞明亮的教室裡，從熱情開場的 HR 手上接下麥克風，感覺這真是一家充滿朝氣的企業！

　　但是，怎麼有點不太對勁？有股焦躁不安的氣氛，好像來上課的學員，跟課前設定的目標對象不太一樣？下課跟學員們聊天，他們反應課程雖然上得好，但是跟課前的期待好像有點不同。當天，我立即運用了教學手法再次對焦學員的期待，並調整了課程比重。課後我很好奇，如果是福哥，他會怎麼做呢？

　　那天下課後，我到福哥的網站尋寶，希望從教練的視角找到更多的可能。才一打開網頁就看到「教學時會遇到的問題」這篇。福哥在文章裡，將影響教學的問題分為「教學經驗」、「學習態度」、「教學干擾」三大類。根據判斷，我那堂課就中了學習態度、教學干擾這兩招。

　　福哥的分析與討論，情境真實到可以直接拿來當教學字典對照，不但客觀、清楚地點出影響教學的問題，同時提醒了解決方案！我盤點一下，其中教學經驗的部分，課程內容是我的可控因素，而學員的學習態度、教學干擾，是我可以事先思考並提早準備的。

　　隔幾天，我也向福哥提到當時課堂的狀況，福哥傳來一篇文章，其中的案例情境如出一轍！我讀著福哥寫實的描述，頓時豁然開朗！福哥追求極致的精神，完全不放過教學中任何細節，他仔細傾聽學員的需求，找到兼顧課程效果與多數學員可接受的方式，不讓影響因素有擴大的機會！在我還在思考的時候，福哥又叮咚來一句話：「讓每個課程，成為下一個課程變得更好的養分！」短短一句話，給我無比的信心！

　　下一堂課，我選擇跟這些狀況，直球對決！

　　幾天後，我又來到同一集團進行後續梯次的課程。走進相同的

教室，一樣的整排筆電打開在桌上，上課前我輕鬆地與學員聊天，關心地問：「大家好認真，這麼早在忙些什麼呀？」同仁們抬頭告訴我，公司系統規定每天中午前要報業績，所以早上正是他們最緊張的時候，一定要緊盯著螢幕和手機！他們七嘴八舌地跟我商量，等一下他們需要用手機，可能會出去接電話⋯⋯。

我仔細地聽著，了解大家的需求。課程一開始後，我就讓大家知道今天有哪些個人的時間可以運用，也邀請學員共同打造我們的學習。我把每一個可能的變數都考量到小組的操作中，再透過課程中的溝通技巧，跟他們一起面對眼下的問題，一點一滴地，傳遞著我對學員的在意與關心。

向教練看齊，我也選擇為教學現場負起全責！一樣的場地、一樣屬性的學員，那一天他們用問卷 5.0 的滿意度與 10 分的 NPS，給了課程最直接的回應！

這本集合了福哥追求極致、經過不斷淬煉的《教學的技術》，可以當作應對各種狀況的教學字典。教學除了流程上的操作，更是當下陪伴學員，看到他們的困難，一起協助解決、面對的心意。這是我從福哥身上看到，對於專業追求極致的職人態度。

應用心得分享

讓內向者學員安心地高效學習

美國非營利組織 Give2Asia 亞太經理　張瀞仁（Jill Chang）

我生平花最多錢、卻最不想走進教室的一堂課，就是福哥的「專業簡報力」。

我本來就不喜歡說話，但常需要站上台募款，所以當時我的大腦額葉皮質（理智腦）審慎考慮後，就狠下心刷卡了，想著「這是我變身向上的機會，要好好把握」。

但我的杏仁核（本能腦）完全不這麼想，收到課前通知就開始焦慮不已之外，上課前一天直接指揮身體機能一切停擺，根本出不了門。好不容易撐到診所，熟識的家庭醫師只笑著問：「是工作壓力太大，還是要去上簡報課了？」

我花了接近一年心理準備才有辦法走進教室，戰戰兢兢地坐下來時，福哥走過來充滿元氣地說：「早安，啊妳不是內向，怎麼坐那麼前面？」雖然這沒有寫在福哥的教學技巧裡，但他其實已經開始教我怎麼跟素未謀面的人迅速拉近關係。

福哥的課像大胃王比賽，關卡一層一層疊上去，越到後面越痛苦。除了剛開始他幫我們分組，讓內向者省去找組員的焦慮以外，其他環節都搞得我胃很痛。我沒上過「教學的技術」，但想從觀眾／學員的眼光分享所體驗的一切。

節奏明快、方式多變、切身感十足

「趕」是一整天最大的感受。上一次有這種感覺，是我在哈佛上公共敘事工作坊的時候。兩堂都是高張力的課程，在哈佛時只覺得忙著應付像海嘯一樣灌進腦裡的資訊，但福哥的課又更進一步了。除了分組討論之外，他利用舉手、比賽、問答各種方法，讓我們過了非常「活在當下」的八小時，只想趕快把眼前的事情學起來應用，完全沒辦法滑手機、看 email、甚至不敢想下一秒的事情。

上課的個案討論案例，沒有一個是福哥設計的虛擬例子，全數是來自左右學員碰到的日常難題。同學中有醫師、創業家、資深經理人……，每個人面對的對象和溝通重點都不同；但正因為狀況如此真實，大家被逼著絞盡腦汁，應用所學。身為一個國際工作者，我面對的狀況瞬息萬變，什麼國家發生暴動、哪個國家被海嘯襲擊……，都要在第一時間掌握。除了簡報之外，這樣的教學技術其實也訓練我們跳脫已知框架，用手上武器與資源來面對未知挑戰。

緊扣教學主題

球迷都知道，一旦到了最高的競技殿堂，致勝關鍵往往不是華

麗的技巧，而是基本動作。福哥的課堂就是這樣的殿堂，他的技巧是手段，但一切都緊緊回扣到最初目的——幫助學員學習。他不僅示範技術，自己更是把所有要講述的方法編織進課程中。我們跟著一步一步走，從懵懵懂懂到恍然大悟，最後那個 Ah-ha 的瞬間，就足以證明課程的價值。

如果說上完課就可以讓內向者變得口若懸河、舌燦蓮花，也有點虛假。但憑著芋頭幫我錄製、福哥私下幫忙剪輯的課堂影片，課程結束兩個月後我就到矽谷演講、幫台灣多爭取上百萬捐款；聽說還有美國的捐贈人拿著影片說：「就是她，如果是她負責，我就捐。」

可以讓台灣的需求被世界看到，是我最開心的事；而這一切，都要謝謝我奮不顧身的大腦額葉皮質，還有福哥精彩絕倫的教學技術！

應用心得分享

師父領進門，腦洞開了門

全國 SUPER 教師　余懷瑾（仙女老師）

我曾受邀到友校演講。停好車，走上二樓，第一間教室的老師手持麥克風站在講桌前，後面兩排的學生走來走去，老師泰然自若地講著課；第二間教室的老師手持麥克風站在講台右邊，三分之二的學生睡成一片；第三間教室的老師坐在講桌前，台下學生玩手機的玩手機，睡覺的睡覺，講話的講話，聽課的人占了少數。這三種課堂，對我而言都是不可思議的。

學生在我的課堂專注且投入，我會交付他們任務，讓他們在上課前、中、後都有事可做。不只如此，學生除了顧及自己的學習還得留意組員的狀況，學習氛圍從個人擴大到群體，笑聲是課堂必備的產物。這些就跟呼吸一樣，是仙女國文課的日常。許多人觀課之後訝異我的學生不滑手機和不睡覺，我的學生自己倒不覺得有什麼

特別，我們對於外人的稀奇感到稀奇。

2016 年，我報名了福哥「專業簡報力」課程，福哥看了我的投影片是這麼告訴我的，「仙女老師，我知道你是個很厲害的國文老師。我們在企業裡上課的節奏非常快，跟你在學校裡教課教十八週是不一樣的。」我還想多解釋些什麼，很快的身旁同學一個個湧上來提問。原來踏出舒適圈的心情是苦澀鬱悶的，我的話語淹沒在人群之中。

2017 年，我報名了憲哥和福哥合開的「講私塾四班」，見識到憲哥和福哥對於課程的要求，甚至連下課時間都抓得剛剛好，好讓南部學員及時趕上返家的高鐵。

2018 年 12 月，「講私塾五班」二十五分鐘演練。我穿著黑色長版羽絨外套上台，有別於我以往亮色系的服裝，憲哥問我：「仙女穿外套上台？」我點點頭。憲哥遲疑了，我又點了一次頭。憲哥竟然冒出一句：「這是我們講私塾第一次講義有人不是交 PPT，是交 Word 檔。」學員們哈哈大笑，我害羞得只能傻笑。

一上台，我就站在最靠近投影幕的地方，手裡拿著講義，低頭看著講義，嘴裡唸著「請大家翻開講義的第二頁」。我站在原地不動，逐字逐句地唸出第一段課文並且翻成白話文，「慶曆四年春，滕子京謫守巴陵郡。越明年，政通人和，百廢俱興，乃重修岳陽樓，增其舊制，刻唐賢今人詩賦於其上。屬予作文以記之。」唸完之後，我問大家這是誰在上課呢？

學員們都回我：「仙女老師。」

我說：「這是別的老師在上課啦！」脫下外套，亮出橘紅色的上衣，我往前跨了三步。

「我們來上仙女的國文課吧！『走進岳陽樓，讓你人生大不同。』」

隨即我播放了一段學生上課的影片，請大家觀察這段影片與平常想像的國文課有什麼不同？讓大家見識高中生在仙女課堂的活潑與團結。

接著三個步驟，我帶學員們認識〈岳陽樓記〉。

一、讓學員們畫出〈岳陽樓記〉中「霪雨霏霏」的畫面，我根本沒有解釋這四個字的意思，只說明學員可以從講義上的翻譯找尋線索，結果每一組都畫出細雨綿綿。二、確定學員們了解怎麼閱讀文本之後，我索性發下一疊牌卡，刻意說出各組牌卡張數不一，有的是二十張，有的十五張，要大家在一分鐘之內排出第三段課文順序，學員們竟然都在時間內完成了。三、讓學員看著牌卡在一分半鐘內背出〈岳陽樓記〉課文，朱為民醫師背出課文時，瞬間贏得滿堂彩。課堂最後，我嘉許學員們沒有因為牌卡張數不一而抱怨連連，反而眾志成城，徹底實踐了范仲淹「不以物喜，不以己悲」的精神。就在計時器倒數到 0 我結束了這一堂課。

上這一堂課時，我看到那些「貴」為醫師、執行長、業務副總的學員們忙著拍上課的投影片，還要畫課文、背課文、排牌卡，多元學習讓他們見獵心喜。我更在意還是憲哥福哥的回饋。

憲哥說：「仙女，你怎麼這麼棒！……」

福哥第一句話讓我紅了眼眶，「我要修正我第一次對仙女老師說的話，她的課堂的節奏精準，顛覆了我對學校老師教學的看法……」

如果你問我什麼是「教學的技術」？

我會回答你，「一般人看到的是教學的方法，道行高深的人感受到的是心法的驅動，教學的改變。」

應用心得分享

校園外的課堂，看見更多教育的可能

台北市私立復興高中國小部校務兼教務主任　徐聖惠

我是一位國小老師，過去我一直在學校教育相關的場域裡鑽研教學技術的問題，尋找教師教學上可能的突破點。2018 年暑假，我

開始走出學校教育的體制，參加了憲福的課程，更報名了福哥的「教學的技術」課程，因為我想從成人教育中，探索是否有教學技術或策略運用的有效方法，讓學校教育現場可以參考借鏡。

相較於學校教育者的授課，在成人教育領域，學員對所學課程會給講師更直接、更真實的習得回饋；如果學員不喜歡講師的授課內容與方式，就不會買單。因此，專業講師不得不使出渾身解數，以獲得台下各路英雄好漢學員的青睞與信服，這非常需要深厚的專業能力與教學功力！

參加福哥「教學的技術」這個課程，過程中我讓自己同時有兩個角色，一是學員，一是教學觀察者。

首先，談談教學現場的觀察，我把焦點放在學員的學習，從大家的對話討論、互動交流、學習態度等，可以知道講師的教學是否達到有效教學的目標。在過去學校教育的師資培訓中，總是被教導「教師在課堂上要給學生充足的待答時間」。福哥的課堂上，最讓我印象深刻的是「只給學生三分鐘的討論時間，怎麼足夠好好討論？」福哥也說明了他的用意：「教師抓緊課程運作的時間節奏，學生也會感染到積極的學習態度。知道自己這一題沒能討論完成，下一輪討論會更積極地想完成。」

我把這個概念帶回學校，與同事們共同備課時進行討論，也親自在課堂上操作，刻意抓緊整堂課程運作的節奏，沒想到原本課程設計需要十分鐘的討論，國小階段的學生也真的可以在三分鐘內完成，而且孩子學習的興致不減反增。省思過去我們在課堂中的小組討論教學，給孩子充足的討論時間，已經提早完成的孩子，若教師沒給出其他的動作指令，就容易變成在原地等待別人討論完畢。以一堂課中的學生學習曲線而言，透過好的課程活動設計，可以有效將學生的學習興致與節奏，維持在高峰的狀態。此外，我也把這個習得與親身教學的經驗和我們學校的實習老師分享，成為她在進行一堂課的課程設計時，規劃小組討論議題與時間的重要參考。

再來，談談身為學員的學習成效，在課程中大家透過分組合作實際演練幾段教學，其中包含開場、問答、小組討論、示範演練、

影片教學、給予回饋等教學法，我們可以從學員彼此的演練中互相學習，也體會經由刻意練習熟練教學技術的必要性。福哥更透過直接提醒並拆解自己的課程，讓現場的學員學到一門課程從開始發想、課程設計、教學省思與課程修正的每一個環節，福哥大方地將自己的絕活傾囊相授，真是讓我受益良多。除了讓我重新審視自己的教學技術，更讓我在進行學校課程領導時，關注「教師為什麼而教，學生為什麼而學」的教育意義。

Part 4
課後修練

如何評量、檢討與進化教學？

8-1　ADDIE之Evaluation & Evolution：評量與進化

　　還記得第 2 章談過的「系統化課程規劃五個步驟：ADDIE」嗎？原始的 ADDIE 教學設計模式中，最後一個 E 代表的是 Evaluation ——課後評量。這個課後評量，除了老師要看學生的吸收有沒有達成預期的教學目標，進一步也可以反過來評量老師，看看教學表現是否符合預期。

　　但是，我覺得除了評量之外，更重要的是持續演化（Evolution）課程，透過一些系統化的方法，不斷改善和進步。所以 ADDIE 模式的這個 E，剛好兼具 Evaluation & Evolution。以下，便分別針對學習評量、教師評量及教學進化這三大重點來談我的看法。

學習評量——考試做不到的事

　　一想到學習評量，大部分人的直覺就是考試；可能是因為我們都從小被考到大，才會僵化地認為「考試＝評量」。但請試想：考試真的能和企業訓練的目的畫上等號嗎？

　　以我教的核心課程「專業簡報力」為例，就算簡報知識考滿分，好像也和會不會簡報技巧沒什麼關係吧？同樣地，就算能從頭到尾背誦這本《教學的技術》，也不見得就能當個一百分的好

老師。

因此，在思考學習評量時，我希望你能先回想一下當初設定的教學目標：為什麼開這門課？課程目標是什麼？是用來解決什麼特定問題嗎？

所以，回到「簡報技巧」這門課，開課的目的是為了提升學員上台簡報的能力，以解決上台太緊張、簡報沒有結構、不吸引人等問題，希望教會系統化準備簡報的方法、簡報呈現的技巧（包含開場、過程、結尾），以及提升投影片製作技術。既然如此，評量的方法很單純：直接上台簡報，就是最好的評量！

之前我去國家實驗研究院教專業簡報力的課程時，學員除了第一天上課就得不斷上台練習外，我們還規劃了第二天的驗收日──每位學員都必須準備一份各自的專業簡報，在第二天上台報告給講師及院內其他專業人士聽。但這只是評量的前半部──第二天結束後，還有第三天：學員必須實際報告給各單位的主管聽。這種評量方式，你說哪個學員不會全力以赴？

經過這一連串的演練挑戰，果然有不少人的簡報技巧立刻大幅度進步！可見得，幫助學習才是對學員評量真正的目的（而不是考試）。

神課程的學習評量

再舉幾個例子來看。

MJ（林明樟老師）「超級數字力」的評量方式，就是看你能不能光看財報就判斷出好公司或爛公司；上完課後的學生，必須僅憑財務報表就能直接預測公司的經營及未來。

Adam 哥（周碩倫老師）的「從創意到創新」，學員必須在課

後馬上用從課堂上學來的創新思考方法，完成自己公司產品的「強迫聯想法」，並且有條理地應用國際級公司的創新系統化方法。

憲哥的「教出好幫手」課程，評量方式就是看你上過課後能不能有系統地教好屬於你專業的技術類課程，傳達並指導一個對方原本不懂的技術，讓他可以在你的教導下秒懂，並且做得出來。

這三個頂尖企業訓練課程我都曾親自參與，除了看到講師們都能在很短的時間完成教學任務，也看到了他們怎麼讓學生從不會到會，從做不到而做得到！所有的成果都能在教學現場展現，馬上就能看到！

更進一步說，因為設定了對學生具體、有挑戰的學習評量，老師就必須在教學的過程不斷思考：「我現在教的東西，能夠幫助學生完成課程後的評量嗎？」譬如說，如果評量的是「上台簡報能力」，那麼，教一大堆投影片怎麼配色或排版，就和提升上台簡報能力關係不大了。

有教學目標，才有評量

在「學習評量」的過程中，老師們一定要回頭想想 ADDIE 最開始的 A（分析）。

評量是因為教學目標而存在的！最終可以幫助老師教學，也幫助學生學習；千萬不要因為考試這個做法比較方便簡單，而忘了學習評量真正的目的。

8-2　ADDIE之Evaluation：教師評量

既然評量是因為教學目標而存在，那麼，老師也同時應該接受評量，評量老師是不是有完成教學目標。

在擔任企業講師初期的 2006 ～ 2009 年間，我也在大學兼課，後來又進入博士班修課。同一段時間內，我身兼職業講師、學校老師、在學學生三種不同的身分。這時我發現，不同的位置，看待教師評量的態度有很大的不同。

學校評量 vs. 企業評量

學校對老師的教學評量是一個學期一次，學期末或新學期學生選課時，會要求學生在電腦系統上完成對老師的評量（或是在學期末發問卷）。有些學生會認真勾，有些學生隨便勾，有的學生在勾選的時候會有些顧慮，（還沒畢業哪，亂勾會不會出事？）總之，老師都會在期末得到一個成績，還有系上老師的總平均分數。

只要老師的評量結果與平均值沒有差得太遠，比如 4.0 左右，大概就 OK 了。學生評分很高的話（譬如 4.8 甚至 5.0），其實也沒什麼差別；但是，如果真的很低（例如 3.0），有的學校確實會「關

心」一下老師，有的就直接完全不當一回事！

以我過去的求學經驗，有些老師的課程已經糟到很難接受的程度，完全不管課綱及教學目標，在課堂上只講他自己想講的，甚至跟課程主題一點關係都沒有。雖然我們這些在職生很勇敢地用力打下低分負評，然而十幾年過去了，春風化雨的還在，誤人子弟的也沒離開。如果學生真的很激烈地跟學校反應，也許學校還會說：「我們尊重每個老師的學術及教學自由。」

同樣是對老師的教學評量，企業的態度就完全不一樣！以我擔任企業講師這十年來所見，每結束一場課程，企業訓練單位一定馬上進行對講師的教學評量！而且極為重視評量的成績，很認真地看待這件事，更白話地說，把評量成績與講師的續聘進行連結。

企業的一般標準是：以滿分 5 分來看，講師必須拿到 4.5 以上才是「及格」與續聘的參考標準。若以全班 30 人的規模，要有 15 位打滿分 5 分的「非常滿意」，15 位打 4 分的「滿意」，這樣才能達到 4.5 的標準！這個標準可不是我編的，而是根據好幾篇企業教育訓練相關論文的研究成果（包括憲哥的 EMBA 碩士論文）。受訪的訓練主管也指出，如果教學評量的分數低於 4.3，未來該企業可能就不會再與這位講師合作！

更可怕的是：如果評量分數低，大部分的 HR 主管選擇「不會」告訴講師，也不會給他改進或解釋的機會，就直接解除合作關係！這就是為什麼，我先前會說：「長期來看，沒有不好的企業講師……因為不好的企業講師都消失了！」所以，真正有效、有用的教師評量，一定會與市場淘汰機制結合，要不然，評不評量還有什麼差別呢！

　　話說回來，既然評量是辦訓單位或 HR 的事，講師這邊應該要注意哪些事呢？我還是老話重提：包含評量，所有教學技術的目的都是為了改進教學的成效。而對老師的評量，也是要讓老師自己有個參考：評估教學時的表現到底如何？未來還有哪些可以更好的地方？因此，針對老師評量，我個人提供三個小建議：

一、正確的評量指標

　　評量的基準，過去我看過 10 等量表（滿分 1 ～ 10）、7 等量表、5 等量表、分數量表（0 ～ 100 打分數）。我個人的建議是：以 5 等量表為主！

　　這是因為，量表刻度越細分辨的難度越高，像是 10 等量表，若要區隔 8 分和 9 分的差別，只有專業人士才分辨得出來。如果以 5 等量表來評量，至少 5 分（很滿意）、4 分（滿意）、3 分（普通）一目瞭然，還算蠻容易區隔的。針對量表的設計，可以做嚴謹的學術討論，我的博士班指導教授方國定老師，曾花了一整堂課為我們詳細解釋，3 等量表、5 等量表、7 等量表等各自不同的目的。如果對此有興趣，可研讀相關研究方法及量表設計的學術論文，這裡就不細說了。

二、正確的評量解讀

　　拿到評量結果後，講師要能正確解讀。分數不是用來 high 或檢討用，而是用來讓自己知道：學員如何評估我們這一次的表現？所以正確的解讀是很重要的。我個人的經驗：4.5 分才算合格！你沒看錯，是的，對職業講師而言 4.5 才算合格！ Uber 對司機滿意度標準都要 4.5 才合格了，職業講師怎能標準更低？

前面提過，4.5 分的標準其實已經不簡單，這就表示所有的學生中，就算有一半的人打 5 分（非常滿意），另一半的人也都要打 4 分（滿意），老師才能達到合格的標準！

而我對自己以及我指導的講師們，4.5 分只是合格！要達到「好課程」的標準，我覺得應該要有 4.8 分。因此如果想激勵自己達成高目標，「完全課程」（至少有單項滿意度拿滿分 5 分），或是「100%完全課程」（每一個評分項目都滿分 5 分）才是你應該追求的標準。落筆至此時，我的好兄弟超級數字力講師 MJ 又拿到了 2018 年度的第 12 次 NPS 滿分！

這當然是有難度的，但你還是可以定下目標，在某年某月以前拿到屬於你自己的完全課程！你將發現，在追求完全課程的過程中，你會注意到課程的每個細節、每一個與學員的互動及學習點，也會觀察到學員的細微改變。當你把這一切事情都做好後，重要的反而不是課程的外在評量，而是你自己對課程的內在要求。你心裡面會有一個完美的樣子，而透過對完美的追求，你將自己的教學提升到另一個更高的層次！

三、質化與量化並重

除了分數這樣的量化指標外，質化的回饋也是非常重要的。在大部分的講師評分表下，都會有一欄針對講師的教學回饋或建議，或是問學員哪方面學到最多。我認為這也是很重要的參考依據，從中可以得到很多分數上看不出來的資訊。

我知道，你一定想說：「可是學員都不寫啊！」這個問題很簡單就可以解決，「只要老師提醒」就可以了！在課程的最後，當大家開始填寫課後意見回饋表時，我總是會說：「請大家花點

時間填寫意見回饋表，特別是最下面那一欄的空格，如果各位有什麼學習心得或建議，我們都會很想知道！」一般我還會補一句：「您的回饋可以具名或不具名，我們只想知道您最真實的意見！」透過這樣的提醒，會大幅增加學員填寫質化回饋的意願；即使只是隻字片語，也都是提供給老師們未來改進的重要參考！

評量表就像溫度計

針對教師的評量，老師們務必要用正確的態度來看待。

評量就像溫度計一樣，用來讓我們知道教學的溫度是冷是熱，冷了就要穿衣服、熱了就該少穿點。評量不是用來檢討，而是用來改善自己未來的教學，所以要提高自己的標準，用正確的指標來正確解讀評量表，而且質量並重。這樣就可以把評量當成最有價值的參考，讓你未來的教學之路整修得更寬闊、更平坦！

8-3　ADDIE之Evolution：教學進化

　　原始 ADDIE 的 E，談的是 Evaluation（評量），前面討論了學習成效及教師教學這兩個面向。但是，在過去十多年擔任職業講師的經驗中，我覺得，能讓老師獲得最大成長的並不是評量，評量只是反應出結果，而結果是已經無法改變的事實。

　　真正能讓課程變得更好的，是透過每一次課程的進化（Evolution），讓教學更上層樓！當課程變好，評量及成效自然也會變好，這就是一個正向的循環！

從第一次上課就開始自我檢討

　　如何讓課程不斷進化呢？常用的方法就是 AAR（After Action Review）。

課後檢討AAR

　　我手邊有一個檔案，記錄了我從 2010 年開始的課後檢討，累積到現在，已經寫了超過三萬字。

　　第一筆課後檢討是這麼寫的：

2010/07/15 台中榮總——簡報技巧

狀況總結：85 分，學員回應較冷，時間控制不佳，好事是：創新便利貼教學法（註：現在很多人廣泛使用的便利貼發想法，第一次就是在這個現場運用出來的。）

第一堂：08：40 ～ 09：40，開場就覺得有點冷吧，一分鐘演練還可，以為會升溫，但不久又降了

第二堂：09：50 ～ 11：00，最大應該改進的地方——不要講太多商業簡報的例子（要精簡），主要應集中於醫療簡報啊，看到學員累了，要適時下課……

然後，經過兩個星期，我又寫下：

7/28 台中榮總——簡報技巧

總評：學員回應很不錯，看了新影片，修正了上次缺點

修正：開場有一點點小失誤，五大重點竟然忘了，今天沒有作 post it

1：38 ～ 2：38 時間安排：第一小時完成至六人一分鐘，前面感覺還不差，另外有先討論投影片常見問題後，再舉手，休息十分鐘……

時間快轉到八年後的現在，最近一次我寫的課後檢討是在不久前，內容如下：

2018/9/8，「不放手」專案——職人演講

●計分機制，最後有回答才有加分，要明確

- 一開始自介 OK
- 超時要改進
- 討論時間要再濃縮，十秒就好
- 最好有一個計時器

AAR的操作重點

從以上這三份真實的 AAR 課後回饋，不曉得你有沒有看到我想傳達給你的重點呢？

一、AAR 是為了自我改進：AAR 不是為了檢討或討論責任，畢竟這是寫給自己看的。你會看到，2010 年第二次到台中榮總教課時，我就改進了第一次上課的問題。而不久前第二次「不放手」專案的演講，我帶了計時器、也改善了計分和超時，最後在時間鈴響前的那一秒鐘播完最後一張投影片！

二、課後兩天內就要 AAR：雖然說「兩天內」，但其實我的習慣是上完課就馬上在回程的路上記錄一下 AAR。說真的，我並不是那麼仔細、喜歡記錄的人，比如我不會知道今年教了多少天的課、教了多少學生（這方面憲哥超強），但我會要求自己：在重要的教學後，記錄一下自己的狀況和問題！別高估自己的記憶，最晚一定要在兩天內寫下（我都寫在同一份檔案，一直累積下來，不管格式），才真的能記住！不然就「過去已成過去」，下一次，同樣的失誤還是會再發生，不會有什麼改進。

三、看清自己的表現：身為講師，你對自己教學的過程看得越深，未來才越能提升！再次提醒，不是要你批評自己，或永遠對自己不挑剔，而是要你真真實實地面對自己的表現。做得好的部分給自己讚美，做不好的部分就記錄下來，下次想想怎麼改進，

不帶批判，不用給自己過多的評論或使用情緒文字。

能給出最佳回饋的只有你自己

幾年前，因為憲福講私塾課後的獎勵，我曾經擔任一個講師的教學教練，去現場看他教課一整天。課程結束後，我問他：「你覺得自己的表現如何？」他的回答卻是：「我覺得學員不是很配合！」「這個課不是我擅長的課！」「這個主題不好教！」

不幸的是，從第三者的角度觀察，我的看法剛好跟他相反。我覺得，這些學員超配合的，在一整天不大流暢的教學之後，最後一個活動還都願意參與。而且，如果不是老師擅長的課程，為什麼要接呢？然後我只花了幾分鐘，就把他口中「不好教」的課程，根據他原本教學的活動，只是調整了順序，就變成一個很流暢、可以有好的學習效果的課程。他一邊點頭，但還是一邊想找出更多的解釋……。

換一個場景來看，就在不久前，我們邀請了我跟憲哥一起指導過的優秀講師，參與新一批「憲福講私塾」的教學示範日。有七個講師輪流上場，每人用二十五分鐘的時間教一門很專業的課程：有蔡湘鈴講師的業務力、陶育均講師的 TRIZ 創意思考、張怡婷講師的時間管理、戴大為講師的 B.O.N.E. 銷售技巧、余懷瑾講師的范仲淹〈岳陽樓記〉、劉滄碩講師的驚豔簡報力、游皓雲講師的遊戲式教學。這七個講師之前都經歷過摸索、改進、甚至痛苦的掙扎期，我們也一起做過 AAR 的檢討。然而，當天他們的優異表現讓對於教學見多識廣的我也「嘆為觀止」，一整天下巴張開，都快要掉下來了！好幾次我都眼中含淚，感動得說不出話來！原來這才是「教學的技術」展現極致的新境界，不僅學員學習有

收穫，連在後面觀察的教練——我跟憲哥——都被震驚了！

身為講師，我覺得最終能夠給自己回饋與改進意見的，還是你自己！因此，請務必善用 ADDIE 的 E，也就是 Evaluation & Evolution，讓自己對學生學習能有正確評量、也知道自己在教學上的表現如何。更重要的是：在每次教學後立刻進行 AAR 檢討，讓自己不斷進步。這才是你的每一個課程都能精益求精的關鍵啊！

然後，永遠要記得的是：讓學生學得有效，學完後更有用，而過程中能保持樂趣，讓他們樂在學習。創造出一堂更好的教學課程，才是我們運用「教學的技術」最終的目的啊！

應用心得分享

當Hello World碰上教學的技術

群創光電資深副理　陳政儀

那一天，我見識到了，教學的技術。

在某次公司內部的工業 4.0 推進週會後，Python 成了內部炙手可熱的話題，畢竟無論是資料科學或人工智慧、智慧製造，都需要程式語言做為實現或推進的工具。

兩週後，我的主管告訴我，他希望我利用下班時間開課，指導有興趣的同事寫 Python，目標是讓他們能運用在工作上，並且在兩個月內完成教學。

我沒有拒絕，先答應下來，然後開始想辦法。雖然我會寫，但不等於會教啊！回想起以前在學校或補習班上有關程式語言課的情況，我感到很不安。

望著已經挑好的教科書，我著手準備，從 Python 歷史背景介紹

與安裝，到第一個程式 Hello World 的講義，然後我開始做「佛系教學法」的心理建設──佛渡有緣人、只要有一個人有收穫就好了、我盡力了。

然而，這一切在我 2018 年 10 月參加了福哥「教學的技術」課程後，有了 180 度的大轉變。

12 月，剛好在兩個月之後，由我擔任講師的 Python 初階班第一期結訓了。四週八小時的實體授課，比原先預期的八週十六小時少一半，各組的期末專題報告有──

神奇寶貝大數據分析、結合網路爬蟲與自動化連公司系統自動化開單、用自動化系統下載報表後做資料分析比對，再自動發送警示信件、連結股市資料作運算分析，還能即時發 line……

報告水準之高完全超出預期。這是魔法嗎？當然不是，而是學員的認真學習與教學技術的運用，兩者交互而成的結果。沒有魔法，而是找到辦法；不是魔術，而是技術！

課後很多同事開心地跟我說收穫很多！學員的成長與收穫就是講師的最大獎勵。上班之餘要撥出時間學習，還有各種課前任務、課後的作業，並且要考證照（沒錯！學員人手第一張 Python 證照），最後還得合力分工作專題報告。從報告成果、整體出席率以及完訓率高達 95％的破天荒紀錄來看，我認為大家是相當熱情地投入，結果也達到主管的要求了！

是我厲害嗎？當然不是！厲害的是「教學的技術」。在福哥的課堂上，我驚駭地受到教學技巧的衝擊，把快做到一半的內容打掉重來，從一張張的便利貼開始，重新構思，將福哥指導的要點逐一加入，從 Power Opening、why me, why important、小組討論法、遊戲化、PBL、演練法，到細節的背景音樂、大字報的準備……。

受到福哥職人精神的感染，講師站上台就得負起全責，努力打造一堂「有靈魂的課程」，專注在實用／實際／實戰上，從學員的角度來思考。我從一個幾乎無教學經驗的素人，經歷了這趟驚奇的學習之旅，看到了自己更多的可能性！

應用心得分享

高手進化，被打通任督二脈

資深網路人　于為暢

　　大聯盟先發投手的最高榮譽是「完全比賽」，而講師界的「完全課程」也意指一場完美的表現，在課後評量各項分數上都是滿分，無懈可擊、無可挑剔。要知道學員的組成多元，心態和要求不一，得到如此殊榮實屬不易。這麼說吧，一次是僥倖，兩次是幸運，三次以上就是實力，但台灣講師圈有一位王永福（福哥），是用「完全課程」在寫日記的超實力講師！

　　本人有幸曾讓福哥來上課旁聽，並對課程做全盤的指導，那天只見福哥坐在教室後面，寫了滿滿的五頁建議，課後花了兩小時逐一和我分析解說。這天之後，我的上課功力大增（收費也大增），感覺從社區隊直升大聯盟，種種的領悟如泉水噴發。

　　一個好的「教練」可以看到你自己永遠看不到的盲點，對症下藥地加強優勢、彌補劣勢。就好比人的穴道布滿全身，你自己再怎麼厲害，也無法打通背後的穴道，但是所謂的高手進化，是需要被打通任督二脈的，而那正是當天福哥給我的感覺。

　　我自己當講師很多年，別的不敢說，但我自認是「學習最頻繁」的講師，只要市面上有什麼新課程，我都會自掏腰包投資自己，所以我看到太多講師了，好的壞的，很多講師是「看圖說故事」，例如事情發生了，才用一些道理去包裝，是「教的一嘴好道理」，但其實自己做不到。福哥說到做得到，還把方法傳授給你，讓你也可以做到。別的老師讓學生投入很難，心不在焉地滑手機，但福哥的學員是很難「不」投入，他的場控技巧太強，每個人都進入心流跟著學習，等到回過神來，才有時間去細想，接著讚嘆他的運課技巧。

　　最讓我佩服的不只是福哥教學的技術，而是「最不需要演練的人，演練得比誰都兇」的精神，而且「福哥精神，還施於人」，以身作則，身教大於言教。福哥感覺上是對別人嚴苛，但其實對自己才最嚴苛，我想也因為這樣，才能把「完全課程」當水喝吧。

璞玉經過雕琢成美玉

「出色表達溝通力」講師　莊舒涵

　　我的講師生涯從企業內部講師開始，到校園講師，再走到各大企業擔任「出色溝通表達力」和內部講師培訓的全職講師。

菜鳥講師的轉變

　　多年來，誠如福哥書中所言，每天早上走進教室的學員，那個表情、心情和被逼來的模樣，完全不假修飾地透過開著電腦、滑手機、一臉事不關己的模樣，再再告訴著我：「我看看你能幹嘛？」這樣的畫面在講師的工作中都是「正常」現象，早已見怪不怪了。

　　還是菜鳥講師時站上講台後，我總是睜一隻眼閉一隻眼，到校園甚至是兩眼全閉地裝作沒看見，還會安慰著自己還好只有一兩個人狀況外，至少不是只有一兩個人在上課，課程結束得到的分數也都不差。

　　直到 2015 年我走進「講私塾」課程向福哥學習，課程結束後，我整夜輾轉難眠，有些興奮，有些期待，也有些擔憂。隔天一早我走進自己授課的教室裡，上述那些原以為的「正常」現象，在我接到麥克風後，完全逆轉成「不正常」景象，連 HR 都驚呼不可思議。

課程大改造

　　福哥教的開場技巧，不管是分組、選組長、承諾、禮物秀出、計分機制說明、教室規則建立，我一個也不漏地完全用上，最重要的是「Why me？」──建立台下的信任，增加自己的可信度，但不要膨脹。以前我的「Why me」總是太過客氣，開場太過鬆散，時間太過冗長，套上福哥所教的技巧，十五分鐘內學員就完全變了個樣。

　　2015 年發生八仙塵爆事件，我們在台中辦了場公益課程，很幸運地邀請福哥走進出色溝通力課程教室。福哥不僅是來學 Colors，下課後更是變身成教練角色，毫不藏私地說著好的部分，以及可以

更好的教學段落，更分析指出幾個教學技巧是關鍵，也可能會是致命的點。

那天回家後整整一個月吧！吃不好睡不著，我一直在思考，如何由奢入儉地讓原本花兩個小時解說的四色性格，變成藍金綠橘一個顏色只講十分鐘；如何利用影片、遊戲、活動以及小組討論，包括小組討論時的緊湊度、音樂運用，最重要的是在教室裡就不斷強化，讓學員演練 Colors，下課後不僅帶得走，還能實際應用得到。

從「小卡」躍升到「卡姊」

一塊璞玉經過雕琢後，會更顯得出色有價值，教學設計也是如此，自己往往已經覺得很好了，經過大師的指點後，你願意努力去改變調整，整堂課保證變得精彩絕倫、叫好又叫座。

職業講師所處的市場相當現實，講師教學教得好、學員投入有成效，回去能應用，這三項指標決定你在市場上的位階。福哥在教學技術上無私的指點、在教學現場的示範，讓努力的我三年內在講師市場上不斷躍升。

福哥，一位教學技術的導師，更是塑造講師風格與魅力的超級教練。

應用心得分享

成就更好的自己的歷程

邦訓企業管理顧問公司執行顧問　呂淑蓮（Tracy）

認識福哥也快十年了。從合作第一家傳統產業的內部講師培訓開始，就感受到福哥在課程中，對細節的要求與教學技術的不斷躍進。即便其中幾次遇上病痛，但只要上了台，福哥的教學職人魂就讓學員完全跟著課程進度走，無視於任何的干擾因素。也因此，上過福哥課程的企業客戶回購率超高，尤其總能在課前課後，清楚看

到學員教學與簡報的技巧明顯進步，甚至是聽課眼神的變化：從懷疑到崇拜。

除了從旁觀察，我自己也有深刻的體驗。今年秋天，在一場公益講座中，我這個演講素人表現得不盡理想，幾經思量決定自主進行五個場次的免費分享，調整內容也給自己一個交待。福哥知道我的想法後的隔天，即時給予「好的部分」及「可以更好的地方」（其實是挺糟的點）的具體務實建議。比如：「注意時間分配、開場時間占比的調整」「因為以經驗分享為基礎，基本上不會失敗，但也會不夠厲害，就平平的。好的話會有些啟發，可以設計一些金句，但當時間拉長的時候，聽眾就會累……」

福哥所提供種種改善的可能性，讓我整場持續抓到注意力。哇！哇！哇！真是超實用的，我在第一場即順利達陣。在第二場分享的台中場，福哥還親自到場督導，雖然備感壓力，但結束時只有一個調整建議：「影片提前到中場播放，免得中間講述的時間一長，影響聽眾的專注力。」接著在後面的幾場演講，我就開始享受過程中的點滴。

「教學的技術」有太多要注意的細節，但只要你在乎，跟著福哥的經驗分享與要項提點，教學將是個不斷成就更好自己的進化歷程。

9 認識三大學習理論與教學應用

9-1　行為主義學習理論：巴夫洛夫的狗

看到這個章節，表示你已經看過許多「教學的技術」，不曉得你的心中會不會有一些疑惑：「這些技術為什麼會有用？背後的原理又是什麼呢？」其實技術只是外在的展現，背後的原理，我們就得進一步深入去看：學習的本質是什麼？人，到底是如何學習的？探討這些本質的學問，就是「學習理論」！

看到「學習理論」四個字，會不會覺得好像是在遙遠的求學時代才會接觸到的知識，譬如巴夫洛夫（Ivan Petrovich Pavlov）那隻流口水的狗、食物與鈴鐺間的關係，也就是制約反應？

進入教學現場後，我們很少在課堂中談理論。我所認識的企業講師，大部分也都是從實戰、經驗中摸索出自己的教學方法，很少人回頭再去研究「學習理論」。或許有人會認為「理論是理論，實務是實務」，兩者之間沒有很大的關係。但這有可能是因為當年為了考試被迫學習，或對學習理論沒有深入的了解，而導致無法將理論運用在教學實務中，對教學者來說，這真的很可惜！因為我們有可能只知其然，卻不知其所以然！

先從實務面來看，你是否曾經思考過以下與教學相關的問題？

●為什麼沉悶的工程師，會為了簡單的分數獎勵，而搶著舉手

上台？

● 為什麼「教學遊戲化」有用？背後的原理是什麼？

● 上課時若有學員的電話響了，應該暫時沒收手機或懲罰他嗎？獎勵與懲罰的效果是一樣的嗎？

● 為什麼需要濃縮重點？並且把重點整理成易記的口訣？

● 為什麼需要形塑成小組機制，讓大家參與討論？

● 為什麼老師講了之後還不夠，需要學生自己動手參與實作？

　　這些問題的背後都有理論基礎可以說明，只是很少人真的在教學時，把這些基本的東西好好想過一遍。

理論的價值

　　先說結論。學習理論其實只想解釋一件事：「人如何學習新事物？」這也是古希臘哲學家柏拉圖曾探討的問題。後世學者花了無數的時間與精力實驗、研究，就是為了要找到答案。

　　所謂的理論，就是對一種「現象」，按照「知識或經驗」，經由「科學方法」，得到合乎「邏輯」的推論總結。更白話地說，理論是解釋現象背後的原因。

　　因此，學習理論就是要說明：學習這件事到底是怎麼發生的？有哪些關鍵因素影響學習？如果能深入了解理論，教學者就能從學習者的角度出發，來觀察學習過程中所發生的事情。教學者看到的，不會是單一的教學細節，或只是表面技巧，而是學習的核心，並由此切入應用方法、提升效果。如果能夠理解並善用教學理論，教學者就等於站在過去無數教育研究者的肩膀上，以更符合學習者需求與利益的方式，來審視自己的教學。

　　學習理論並不難了解，但是若想快速通透，並有效運用在教

學上,這就有點挑戰了。因為一旦進入學術研究的殿堂,你就會發現許多古典學習理論,是奠基於過去長期間研究累積的成果,就連「現代」學習理論,如巴夫洛夫與流口水的狗,也有一百多年之久(早在一九〇四年得到諾貝爾醫學獎之前,巴夫洛夫就已因對古典制約的描述而聞名全球)。如果有時間,你當然可以慢慢 K 書,不過,大多數教學者或職業講師最想知道的仍然是:「這些理論要怎麼實際應用在教學中?」

我將在這一章中濃縮教學理論的精華,幫助讀者快速了解。我們要從什麼地方開始呢?就從「行為主義學習理論」「認知主義學習理論」「建構主義學習理論」,這三大核心學習理論與其教學應用開始吧!

行為主義學習理論

行為主義學習理論的核心思想,就是「刺激」與「反應」的連結。簡單地說,行為主義認為,學習就是在正確的「刺激」下,產生正確的「反應」。譬如學生看到題目(刺激),回答出正確答案(反應),或是更進一步,學生遇到一個狀況或難題(刺激),知道怎麼解決(反應)。如何有效建立「刺激」與「反應」之間的連結,就是行為主義學習理論關注的核心。

行為理論比較著名的研究者包括巴夫洛夫,他觀察到,如果在餵狗狗吃東西前先搖鈴鐺,那麼經過一陣子之後,只要搖鈴鐺(刺激),雖然食物還沒出現,狗狗還是會流口水(反應)。這個在鈴聲與食物及流口水之間產生連結,就是所謂的「古典制約」。

美國心理學家華生(John B. Watson)受到巴夫洛夫研究的影

響，開始把這樣的研究推論到人的學習。他認為人與動物在學習上是差不多的，只要控制刺激與反應，就能塑造人的學習。華生也認為，只有外在行為是看得到的，這部分才是研究的重點，至於內在心理觀察不到，並無法加以研究。

華生算是比較激進的行為主義學者，他曾說過：「給我十幾個健康的嬰兒，我保證隨機抽取任何一個加以訓練，他都能成為我選擇的任何類型的專家，例如醫生、律師、藝術家、商人，甚至是乞丐和小偷。」

一九二〇年，華生進行了很有爭議性的噪音恐懼實驗，他以幼兒為實驗對象，拿出一個絨毛玩具（刺激），同時發出很大的噪音（刺激），讓幼兒嚇哭（反應）。幾次之後，幼兒只要看到絨毛玩具，就會想到噪音而嚇哭。這個實驗很殘忍而且不道德，後來遭到許多人批判。

後續還有桑代克（E. L. Thorndike）與貓咪的實驗：把貓咪關在有開關的籠子中，看看貓咪要花多久的時間才能打開逃脫。他發現，只要貓咪在經過嘗試和練習後，逃脫的速度都會越來越快，如果貓咪肚子餓，或是外面有吸引牠的食物，更會加強逃脫的表現。

後來桑代克提出了學習三定律：效果律、練習律、準備律，只要學習會得到好的效果，經過多次練習，並且做好學習狀態的準備，就會提高學習時的表現。他也認為，獎勵才能強化學習表現，懲罰反而會有不好的結果。

另外一位行為主義大師是史金納（Burrhus Frederic Skinner），他的鴿子實驗也是教科書上的經典。他設計了一個箱子，可以隨時投入獎賞（食物），當實驗動物表現出期望的行為，例如轉圈

或按開關，就能馬上得到獎勵。透過這樣的操作，他可以用獎勵來強化行為，甚至逐漸塑造出一個新的行為（例如讓鴿子不斷轉圈），這就是所謂的「操作制約」。

看了上述行為主義理論的相關研究，你會不會冒出一個想法：這些大師針對動物（狗、貓、老鼠、鴿子）所做的研究，要怎麼運用在人的學習上呢？

9-2 行為主義學習理論的教學應用

　　也許你還是覺得，理論與實務之間的距離非常遙遠。事實上，行為主義學習理論創建於二十世紀初，對於現代教學產生了相當深遠的影響。直到今天，即使沒聽過相關理論，仍可能經常使用行為主義的教學方法而不自知。譬如：

- 老師在台上講述（刺激）特定內容，學生在台下聽講並記住（反應），這就是典型的行為主義教學法。

- 老師出考卷或題目（刺激），學生正確解答（反應），這當然也是行為主義。

- 還記得華生的殘忍實驗嗎？用很大的聲響去驚嚇嬰兒（刺激），讓他害怕玩具（反應）。這是否讓你回想起傳統的教學方式，以教鞭或處罰（刺激），來懲罰答錯或行為不合規範的學生？沒錯！這也是行為主義學習理論的應用。

　　行為主義大師桑代克早就說過，懲罰對於改善學習是沒有幫助的，然而有多少老師或父母曾經／還在用這個方法呢？如果你曾上過我的課，或許你會恍然大悟，為什麼我在課堂上總是獎勵，很少懲罰；就算上課違反規定（例如手機響了），也不會懲罰違規的小組，而是以獎勵其他組別來取代，這都是有研究根據的。

前述經典的行為主義學習實驗，大都以獎勵來刺激預期行為的發生，而且獎勵還是很實際的東西，例如食物。但是在日常教學中，並不常看到類似的應用。你也許會有些懷疑：「將實物獎勵運用在教學上，真的有用嗎？」根據我多年的經驗，以行為主義為基礎的獎勵反應方式，應用在教學現場，強大的效果遠超過想像。前面有關教學遊戲化的章節中，已有進一步的分析說明。

應用行為主義的教學方法

行為主義理論的核心，在於刺激與反應的連結。但是，在應用行為主義提升教學效果時，要注意以下三個關鍵：

一、必須提供更精彩的教學

教學本身就是學習刺激的來源，因此提供更高品質的刺激，也就是優異的教學，成為行為主義應用的核心要點。例如：老師必須思考，如何運用故事、實例，或是有趣的內容，持續刺激並吸引學生的注意力？如何講得更精彩、更清楚？或是運用不同的工具、媒介或素材，例如影片、電腦等，持續改善教學刺激的品質？這是行為主義教學應用的第一個關鍵。

二、既須分段教學，也要反覆練習

把課程的重點拆分成不同的段落，在學習一小段之後，馬上檢驗學習的成效，根據結果進行改良後再往前推進。簡單地說，就是把一個大技巧或大段落的課程內容拆分成較易吸收學習的幾個小段落，一次學一個部分，學會了之後再學下一個部分，並且在一段時間之後回頭反覆練習。因此，教學者必須系統化地拆解

課程，在上課過程中協助學習者複述或練習，結束前再複習。透過分段教學與反覆練習，學習者更能固化學習成果。其實，很多學徒制的教學與練習，都有大量的行為主義學習理論做為依據。

三、導入教學遊戲化機制

為了加強刺激與反應之間的連結，過去的行為主義大師們在操作相關實驗時，都會利用獎勵機制，並且非常注意獎勵給予的時間。以史金納的鴿子實驗為例，只要鴿子做出正確動作就馬上給予獎勵，透過這個的過程來增強正確的反應。你是否好奇，類似的手法能套用在一般學習者身上嗎？當然可以，只要懂得操作教學遊戲化。

透過教學遊戲化的設計，導入加分機制，並讓分數與獎勵產生關聯，當學生有正確反應時，便可得到、累積分數。為了強化加分機制，還可以採取排行榜的模式，讓學習者能對照自己與其他人或團隊的表現。這些做法，核心都源自行為主義學習理論——即時獎勵、強化表現、增強刺激（教學）與反應（學生表現）之間的連結。

方法用說的都很簡單，但要操作流暢並達到效果，就一點也不簡單了。只要回想一下，在過去的學習經驗中，真的能把遊戲化應用得淋漓盡致的老師你見過幾位？

不過別擔心，本書已有一整章特別探討教學遊戲化的操作及應用（第 5 章）。

小心！別誤用好方法

行為主義學習理論可說是現代教學研究的主流，影響了許多

教學的走向,如電腦輔助教學(分段教學、逐段測試、答對獎勵),很多教學者即使沒學過教學理論,仍大量應用了以行為主義為基礎的教學方法,例如講述與回應、分段教學與測驗、表現評分與懲罰。

然而,行為主義也是經常遭到誤用的一種方法。教學者經常聯想到懲罰或考試,但這絕對不是行為主義的核心重點,桑代克已經說明了懲罰的效果不佳,獎勵才是刺激正確反應的基礎。如何提供更好的教學刺激,把課程規劃得更好、更精彩?如何安排得宜,讓學生有效地分段學習、反覆練習?最後,怎樣適度導入遊戲化,利用計分、獎勵及排名,更進一步刺激學習的效果?這都是在教學行為上值得持續思考的問題。

當然,一個學生除了學習行為外,還有許多內在思考,單獨仰賴行為主義理論,是無法解釋學習的過程,也不可能得到很好的教學效果。所以,接下來我們要介紹的就是第二個重要的學習理論:認知主義學習理論。

9-3 認知主義學習理論：從頓悟到訊息處理

認知主義的核心重點是：順應人類的認知結構，達成最有效的學習。你可以先想一想：我們在學習的過程中，大腦是怎麼思考的？如何吸收資訊，又是怎麼處理的？在需要的時候，我們如何輸出資訊？對於不同事物的價值判斷，會影響我們的學習嗎？雜亂無章的資料與經過整理的資料，如何造成不同的學習結果？知識是怎麼儲存，又是怎麼應用的？

在介紹認知主義學習理論之前，你可以先想想以下幾個問題：

- 為什麼課程要有一個好的開場？
- 職業講師經常花心思創造好記憶的詞彙，讓學員容易記住，或是把課程的內容結構化與模組化，這是為什麼呢？
- 在一堂課開始之前，為什麼需要回顧之前談過的內容？在課程結束前，為什麼還要重述一下這堂課的教學？這樣做會帶來哪些助益？有什麼理論根據嗎？

從關於認知理論與其實務應用的思考中，可以找到上述問題的答案。

認知主義學習理論的發展

開創認知主義學習理論的大師們都認為，學習不僅是接受刺激與產生反應。那麼，在接受刺激之後，還會經過哪些認知與思考的處理？研究人類在學習過程中如何處理、思考、儲存、應用資訊與知識，就是認知主義學習理論的核心。

德國心理學家柯勒（Wolfgang Köhler）發現，實驗室中的黑猩猩利用箱子及竹竿，取得原本在距離外拿不到的香蕉。黑猩猩並不是以嘗試錯誤的方法來學習的，而是在過程中的某一刻突然知道，如何利用工具拿到香蕉。柯勒稱這個過程為「頓悟」，也就是透過觀察，在心中了解問題怎麼解決。

瑞士心理學家皮亞傑（Jean Paul Piaget）應用這樣的思維，實地觀察自己的小孩是如何學習的，進而提出了認知發展理論。他認為人的心裡有一個個基模（Schema），譬如小孩第一次看到狗，就會在心裡建立一個狗的原始基模，可能是四條腿、頭在前面、有尾巴、有毛。然後當他第一次看到馬，可能會套用這個基模，誤以為馬是大狗。之後經過學習與修正，調整原有對狗的基模，並增加一個新基模，也就是馬。這個過程稱為「同化」與「調適」。

基模的建構，從簡單到複雜，從少變多，皮亞傑認為，這就是人類累積知識的過程。他又從觀察兒童的角度來思考學習，認為學習需要通過探索，而認知是逐漸發展的，因此提出了認知發展理論。

激發先備知識，掌握學習邏輯

由於認知主義學習理論的核心在於人的內在認知，而所謂的

「認知」又是看不見、摸不著的，因此不同的學者各自提出不同的看法。例如美國心理學家布魯納（J. S. Bruner）就認為，知識的結構化是最重要的，想讓學生由淺入深、由具體到抽象、由簡單到複雜（螺旋式課程理論），老師便應該把知識架構好，再由學生自己去探索發現（發現式教學）。除了教材要有結構及順序外，學習時也要激發學生的動機，並以啟發的方式提高學習樂趣。

另一位大師奧蘇貝爾（David Paul Ausubel）則認為，讓學生了解學習的意義，並先激發他過去已有的基礎學習（又稱「先備知識」），就能給新的學習帶來好效果；也就是說，學習就是在已有知識的基礎上疊加新的知識，或連結新舊知識。這一點，很接近皮亞傑的基模理論。學習的過程必須有邏輯，並且有意義，才會有良好的學習成效。

近代電腦科學開始發展後，心理學家米勒（G. A. Miller）比對人腦和電腦，提出訊息處理理論。他認為，人的記憶可以分為短期記憶（像電腦的 RAM 記憶體）與長期記憶（如硬碟），也像電腦一樣有輸入、處理、輸出等不同單元。他提出記憶是可以分塊的，也提出「神奇數字七加減二」法則，就是人在短期記憶時，平均能記住七個數字。這樣的研究，影響了我們現在使用的電話號碼系統。

這些教學理論，又該如應用在教學實務上？請見下一節。

9-4 認知主義學習理論的教學應用

千萬不要看到「理論」兩個字就頭大，然後心生抗拒。事實上，很多教學理論的研究，都是從實際的教育訓練中得出結論的，完全可以無縫應用在教學實務上，例如心理學家蓋聶（Robert Mill Gagné）提出來的學習階段論，就是最佳印證。

蓋聶的教學九階段活動

蓋聶受過嚴謹的行為主義心理學訓練，曾經協助美國空軍規劃飛行員的教育訓練，之後再回到普林斯頓大學教書。他整合這些不同的經驗，以及行為主義的基礎，再融入認知主義的想法，提出了包含學習條件、學習階層等不同理論，對許多教學設計產生了重大影響。

其中，他所提出的教學九階段活動，與我們在實務的教學經驗極為相符。這九階段大致又可歸為三大段落：教學開始、教學過程、教學結束。接下來，你不妨邊看邊檢視，自己的教學是否有按照這個流程來設計？

教學開始

　　一、注意：用一些不同的方法刺激，讓學生的注意力集中在教學上。

　　二、期望：告知學習目標，提升學生的期望。

　　三、回溯：激發學生回想先前的學習或相關經驗。

教學過程

　　四、呈現教學內容：用最有效的方式呈現學習內容。

　　五、提供教學指導：包含案例、流程、易記詞彙、可視化工具或模型、角色扮演等，以及其他不同的方法或工具，幫助學生了解、記憶或應用。

　　六、誘發表現：讓學生展演學到的東西，除了確認學生的理解外，也幫助學生進行內化。展演的方法包括請學生複誦、重新展演，請學生說明細節、跨領域應用，或是讓學生同儕合作學習等。

教學結束

　　七、提供回饋：讓學生知道他做得好的地方，以及還有什麼地方可以做得更好。透過回饋予以修正，或強化學生的學習。

　　八、評估成效：除了評量學生的學習狀況外，更重要的是確認：學習是否達到原先的期待；學習前與學習後，學生有什麼不一樣的改變或成長；學生與學生之間有哪些學習差異。

　　九、強化保留與轉移：讓學到的知識可以保存得更久、更牢靠，而且更重要的是，讓學習能應用到實際的工作或生活上。

還記得認知主義學習理論的核心吧？它關注內在思考結構，因此安排學習時，要配合這個結構才會得到良好效果。不論是賦予學習意義、分層架構知識、讓學生自行探索、對記憶分塊，或是依照教學前、中、後不同段落設計不同任務，重點都是在探討到底學習應該怎麼安排，才能更有助於吸收，進而讓學生有所成長。

認知學習理論在實務上的應用

多年來，我觀察過很多老師與職業講師。教學精彩的老師，大都會使用許多基於認知學習理論的教學技術，譬如：

- 採用豐富的案例或實務，連結教學內容與已有的現象。因此，不要只是講授枯燥的大道理，要找出道理與實務、案例之間的連結，或是以故事或例子來強化，才是比較貼近認知學習的方法。

- 將課程切割分段，讓學生清楚知道整個課程的運作與進行。架構化、系統化、模組化既是很多精彩課程的共通點，也能在學習時增加認知吸收的效率。

- 把課程的教學重點編成口訣，或是中英文易記詞彙，幫助學生記憶。我在以「上台的技術」為題的演講中，編了一個簡報入門修練的口訣：「要。不。多。」也就是「要」演練、「不」看稿、「多」學習。這類易記口訣一旦聽過之後就會印象深刻，很難忘記！

- 用問答法或小組討論法，在課程的一開始時先請學員回顧，關於教學主題過去已有的經驗，或曾經遇到哪些問題。這是很多好老師必備的技術。

- 規劃良好的課程開場，除了能吸引學生集中注意力，也可以

強化學習目標，並說明接下來的學習重點，賦予學習更高的價值及意義。如果您還沒這麼做過，不妨回顧一下蓋聶的教學九階段活動。

- 提供學生一個容易操作的結構或 SOP，幫助學生吸收。對技巧性的演練或流程式的操作來說，這一點尤其重要。

- 每一堂課開始前回顧一下之前的重點，結束時重述一下這堂課的學習重點。看似小技巧，效果卻非常強大。如果你曾觀察過，就會發現職業級的講師都這麼做。

結合實務，理論的力量會更強大

上述這些教學技術，都屬於認知主義學習理論在教學實務上的應用。若從理論的觀點來看本書所談到的重點，你將能夠理解許多技術背後的原因，包括：為什麼教學時要先有一個好的開場？為什麼教學目標與教學評量很重要？為什麼需要關注學習動機？為什麼在說明教學內容之前可以先操作問答法？

理解認知主義學習理論後，你也會看得懂，為什麼許多職業講師會費心想出易記的口訣（例如憲哥在「教出好幫手」中的「BUDDY 原則」），或是結構化與模組化的記憶方法（例如林明樟老師在「超級數字力」中的「獨孤九劍」）？這些都與認知主義學習理論有高度的關聯性。

當然，教學者不一定要懂教學理論，一樣也可以把課程教好，但是如果能夠花點時間，了解上個世紀的學習大師對學習理論與教學原理的研究貢獻，再回頭在自己採用的教學方法或技術上找到印證，如此一來，既有實務展現，又有理論基礎，你的功力一定能再上一層樓，讓學生得到更優異的成果！

9-5　建構主義學習理論：參與、體驗、思考

　　細心研究學習理論，閱讀過許多學術資料、書籍、期刊論文的人，可能會覺得：看得越多，越不知道從何著手。

　　就以本節要談的「建構主義」而論，暫且先不談應用，光是理論本身——什麼是「建構主義」？這個問題就足以讓人暈頭轉向，別說有建構主義哲學、建構主義教學、建構主義學習方法之分，還有傳統建構主義、個人建構主義、社會建構主義⋯⋯的不同範疇。即使想先認識建構主義的代表人物就好，你也會發現，不同的研究者往往也有不同的觀點，例如有研究者認為杜威屬於實用主義，但也有研究者將他歸為建構主義。越讀越迷惘之際，大家就忘了最重要的一件事：

　　「如何應用這些學習理論，讓學生有更好的學習成效？」

　　有鑑於此，我們才寫了「教學理論」這個章節，用最簡單的方式，讓大家都能快速了解三大核心學習理論，以及這些理論在實務上的應用。焦點還是放在教學的實務應用上，理論只是提供支撐的基礎。如果您對理論細節有興趣，歡迎再進一步自行閱讀專書，或透過台灣博碩士論文知識加值系統、Google 學術搜尋等，蒐集相關資料，相信一定能找到更深入討論的學術材料。

接下來，我們就來談談，最近幾年被討論得最熱門的學習理論──建構式學習理論。

建構主義學習理論的兩個例子

由於談理論實在太生硬，讓我們先舉個旅遊的例子：冰島是許多人嚮往的旅遊國度，不管從旅遊節目、旅遊書籍、身邊的親朋好友，都可以得到相關資訊。除了文字報導，網路上還有許多精彩影片，透過影像讓你能對冰島有更具體的想像，但是，請你仔細想想：這些文字與影像，能完全反映出冰島真實的樣貌嗎？如果你有機會長住一段時間，體驗生活，相信你對冰島的認識會再更加深一層。而且同樣的地方，不同的人、不同的時間去，相信都會有截然不同的體驗。

回過頭來想想，你對冰島的認識或了解，究竟是來自於書籍、影片，還是自己的經驗？書籍、影片或旅行代表了知識嗎？還是你以自己的經驗，詮釋了書籍、影片或旅行，才讓這些知識建立並儲存在你的大腦中？

用這個例子我們想進一步探問：其他人傳達的資訊和知識，是否能取代你自己的體驗？是不是最終還是要自己親自接觸或探索，才能真的有所感受？就如同旅行者必須親自去過冰島，才能在心中建立屬於他自己的真實樣貌？

如果旅行這個例子還不夠清楚，我們可以再接近一點，用「簡報技巧」這門課程為例來說明。

專業簡報技巧可以說是我最拿手的核心課程。假設有位學生，本身並不具有（或者只有很少的）簡報經驗，你覺得是否有可能，在仔細閱讀了我建議的十本書後，學生就能學會簡報的技巧？或

者，在瀏覽了十部關於簡報技巧具有代表性的影片後，學生就能上台簡報並且表現得跟影片一樣好？

或是再換個方式，如果我一對一教學，在一天之內，把關於簡報的所有知識、經驗與技巧都口述給你聽、示範給你看，你覺得，身為一個學習者就能學會嗎？

關於簡報技巧，也許你一直想著一件事：「練習！」是的，不論看過多少書、多少影片，或是聽我教了多少次，如果沒有自己練習，就沒有真正的吸收；再多的書籍、影片與課程，對你而言都是沒有意義的。

請想一想，簡報書、簡報影片或簡報課程與教學是「簡報知識」嗎？還是因為你的參與及練習，還有過程中的體驗，才創造出真正屬於你自己的「簡報知識」？

透過上述兩個例子，我也正在使用「建構主義式」的方法（我先不說，由你自己先詮釋一下），試著讓你了解建構主義的核心：「知識不是客觀存在，而是透過學習者的主動參與、體驗、思考，自行建構而來。」有了這個理論基礎，接著就可以介紹建構主義的三位代表人物。

杜威：知識是從解決問題的過程中產生的

杜威（John Dewey）是二十世紀初的菁英，一位影響教育非常深遠的大師。他認為教育是「從做中學」「從經驗中學習」，教學不應該與生活脫節，知識也不僅是那些條理分明的教條文字。世人應該從生活經驗中學習，透過參與及實作，並在解決問題的過程中，與環境交互體驗，透過反思後，進而產生有用的知識。

杜威也認為，知識是從解決問題的過程中產生的，而解決問

題要經過五個步驟：一、發現問題；二、確定問題所在；三、提出解決問題的假設；四、推論假設，看看哪一種方法可以解決問題；五、驗證假設。

　　杜威的教育理論影響了許多實作教學，包括以問題為基礎（Problem-Based Learning，簡稱 PBL）的教學方法。

皮亞傑：與環境互動，建構知識

　　沒錯，在認知主義學習理論的部分已介紹過這位皮亞傑大師，他同時也被視為建構主義的開創者。

　　其實建構主義是從認知主義發展而來的，兩者的差異在於，對認知主義而言，知識是客觀的（在書中或外在，可教導）；對建構主義而言，知識是主觀的（要透過學習者自行詮釋，知識才會產生）。因此建構主義認為，面對相同的知識，每個人會有不同的詮釋。

　　皮亞傑透過觀察兒童（自己小孩）的發展過程，提出了認知發展論，即不同年紀的兒童處於不同的發展階段。除此之外他也認為，知識是在兒童與環境的不斷互動下，透過同化與調適來擴展認知基模，持續建構而成。這種「個體主動與環境互動，進而建構知識」的觀點，引發了後續建構主義的相關研究。

維高斯基：ZPD支持框架

　　1978 年，維高斯基（Lev Vygotsky）提出社會建構主義，認為個人在與社會及環境互動的過程中，會建構出屬於自己的知識。他提出「近端發展區」（zone of proximal development，簡稱 ZPD），提出教師可以提供支持性的框架，協助學習者擴展能力

的機會。當學習者可以透過支持框架完成作業時，能力就已進一步發展，並在過程中建立他自己的知識結構。

這個 ZPD 的概念，我們在實務上經常使用於演練中，幫助學習者在不熟悉的狀態下，透過老師的輔助與支持，完成難度比較高的演練。譬如說：老師可以把演練的要求或做法，整理成流程輔助或 SOP 輔助，讓學生可以參照著演練，等到學生熟悉後，再移除這些輔助稿，讓他們可以不看稿演練，這就是 ZPD 支持框架的實務操作。

9-6　建構主義學習理論的教學應用

　　建構主義學習理論的核心概念是：知識不是客觀存在，必須由學習者自己建構而成。換句話說，老師教的知識與技巧還是老師的，只有學生自己體驗、探索後所得到的知識，才是學生真正擁有，並且能帶著走的知識。

　　建構式教學是近代教育改革的一個趨勢，也曾引發不少批評，例如學習效率太差、簡單的問題要花很長的時間解決、不適合基礎知識的教學等。

　　我們暫且先不評價各種學習理論的好壞優缺，其實不同的學習理論是可以相互搭配。我們會在下一節跟大家分享如何整合這三個不同的核心理論，並組成一個「黃金三角」。這一節先跟大家分享，職業講師是如何在實務教學的現場，應用建構主義學習理論。

以個案或問題為基礎的討論

　　好的職業講師，在精彩的企業教育訓練課程中，大多會穿插出現個案討論或問題解決方案。教到一個段落後，講師會拋出題目，請學員應用剛才教學的內容，嘗試解決這個問題。

以我的「專業簡報技巧」課程為例，當我一教完構思內容的「便利貼思考法」（參考《上台的技術》），就會馬上請學員用自己的簡報主題進行實作練習。學員開始進行時，難免需要摸索一下，也可能會有些掙扎，但這正是轉化剛才所學的最佳時刻。只要動手做過一次，這個技巧就能變成學員自己建構的知識。

再以林明樟老師的「超級數字力」課程為例，在他教完如何判斷公司體質的財報分析法後，會馬上讓學員嘗試分析一堆不具名的財報，從中挑出好公司。

我們也可以參考知名的「哈佛式個案教學法」，比如哈佛正義課的桑德爾教授，就會在課堂上提出一連串的難題，讓學生思考、發表意見，同時主導討論的進行。

以個案或問題為基礎的教學方法，讓學生自己思考如何解決難題，這其實就是應用及轉化課程知識的過程，把老師所教的內容變成自己的東西。

觀察、體驗、作業、簡報

有些課程會精心設計課前、課間或課外作業，請學員在上課前先觀察、體驗，來到教室後，就直接針對該份作業進行簡報，發表想法與意見，然後由講師總結，並連結到接下來的課程主題。透過這類作業，讓學員先建立印象或想法，老師再進行指導，也是一種建構主義的教學方法。

在時間有限的情況下，作業也可以在教室裡進行，譬如把觀察或體驗改為在教室裡先觀看一段影片，然後由講師引導學員討論影片內容，同時連結課程的教學主題。影響力教學的講師謝文憲，他的「管理電影院」課程便採用類似的方式，得到企業極大

的好評。

先前在教學法的章節談到的個案教學法（參見 4-9），或是以問題為基礎的教學法（PBL），也都是基於建構主義學習理論所發展的教學手法。

小組式的交流互動

是否能夠流暢地操作小組互動，可說是頂尖職業講師與一般講師最大的差別。小組是許多建構主義學習方法的基礎，像是演練、討論、個案分析等都需要分組進行。嚴格來說，如果不將學員分成小組，依然可以操作演練或討論，等於一個人一組，但是小組討論可以激盪腦力、刺激個人想法，而組員之間的交流也是學習的一部分。

因此，在設計建構主義式的教學任務時，講師可以考慮一下，讓學員經過小組互動或討論之後再正式發表。例如若有個案討論，先讓學員在小組中交流想法，並整理好意見，然後講師才請各組發表；或是在操作演練法時，講師先讓學員與小組組員一起規劃演練的內容，然後才進行正式的練習。小組互動能產生有效激勵的學習氣氛，讓學員在課堂上與小組之間有不同的學習與收穫。

從教學者轉變成支持者

進一步研究建構主義式的學習與教學之後，你會發現，老師的任務已經從教學者轉變成支持者。課堂上，老師大多是在旁邊觀察，當學生有需要的時候提供協助；看似沒有什麼教學任務，實際上老師一直維持高度的關注，確保學生的學習朝著規劃好的方向進行。這其實是難度很高的，整個課程從任務或難題規劃，

觀察、體驗的作業，到小組討論或演練，以及學生如何發表、展現成果，最後再由老師進行學習的歸納與總結，每個環節都是對教學技巧和教學經驗的考驗。

有些批評者認為，建構式教學耗費太多時間，讓學生自行摸索思考問題沒有效率，不如直接提供公式、方法，甚至正確解答，然後不斷重複演練以強化記憶，這樣教學的效率會更好。（不知你是否留意到，這個說法是基於哪一種學習主義的理論？）根據經驗，我認為大可不必陷入「哪一種學習理論比較好」的爭論中，而是應該融合各家理論的優點，合併規劃出更好的課程。到底要怎麼融合與應用？我們馬上來看一下：融合三大學習理論的黃金三角！

9-7　學習理論黃金三角

　　寫在前面的是：這是一篇有點硬的文章。但只要你能仔細看過，好好想通，對未來的教學設計絕對會有根本性的影響！這也是我在寫這本書時，才想通的一個洞見跟看法。閱讀時，請搭配前面三大學習理論的理論簡介跟應用，才能真的了解接下來討論「黃金三角」的精華！

三大學習理論的核心及應用

　　本章的前幾節，已經依序談過了行為主義、認知主義、建構主義等三大學習理論。簡而言之，三大學習理論的核心精神是：

- 行為主義的核心在刺激與反應的連結，透過不同的手段強化，讓刺激出現後能得到正確的反應；
- 認知主義關注的是認知結構，也就是如何透過資訊的輸入、處理、輸出等不同流程的改進，達成更有效的學習；
- 建構主義認為學習者需要自己探索與體驗後，才能構建屬於自己的知識。

　　在介紹學習理論的實務應用時，我們也有談到，傳統的講述教學比較偏向行為主義的應用，也就是「老師說、學生聽」，希

望透過「老師說」的刺激能得到學生學習的正確反應，因此，講述的精彩程度就決定了學生反應的品質。而當老師開始操作問答法，課堂會開始有些不同的改變，除了老師問、學生答（這偏向行為主義），也會開始刺激學生的思考，並抓住學生的注意力，這樣就已經開始混和了認知主義的精神。而像小組討論，除了調用學生內在已有的認知（認知主義），也有可能讓學生自己整理內心的學習（建構主義）。演練法則是讓學員親自體驗，當然是偏向建構主義的精神；其他像影片（行為刺激或知識建構）、個案討論（知識建構）……這些不同的教學方法，各自有不同的學習理論在背後支持。這三大核心學習理論的實務應用方法，前面也分別談了不少。

所以，不知你有沒有想過？到底哪一個學習理論比較好？

透過學術論文的回顧及實務觀察，有些教學者偏好應用單一學習理論，例如年紀較大的長輩常說的「不打不成器」，或是「有耳無嘴」，就是行為主義的偏好者；而有一陣子許多學校對於建構式教學的關注，也引起社會廣泛的討論。有些研究則認為，學習理論沒有絕對的好壞，只是適合的時機不同，譬如比較簡單的知識適合用行為主義式的教學，多次練習反覆做，一直到把事情做對；而比較高階、需要思考的知識，就適合用建構式的學習，像哈佛式的個案討論，或是很多以問題或專案為基礎的學習。這些相關的研究都有人做過。

學習理論的黃金三角

就在我一邊到企業教學、一邊研讀學術理論，同時撰寫《教學的技術》文章時，突然有個想法出現在我的腦海中：

學習理論不是哪一個比較好，也不是哪一個階段適用，而是三個交互連結，在每個不同的學習階段輪流出現！

而且這三個核心學習理論可以組成一個黃金三角！我回想自己過去的教學，以及我觀摩過的各種教學，這才發現：只要是好的課程，一定會完整經歷這個教學理論的黃金三角！

如此簡單，為什麼我之前沒想通啊！想通了之後，我似乎又進入另一個境界，在看待自己和其他老師的課程時，有一個簡單而有力的分析工具。

黃金三角的應用實例

光是這麼說，大家可能還沒辦法想像，先舉幾個例子說明：

我在教「專業簡報力」課程時，有一堂課程的主題是：簡報的開場架構（請參考《上台的技術》）。我會先用講述的方式，提到五個不同的開場方法（行為主義），接下來我會把這五個方法組成一個「開場1—2—3」的易記公式（認知主義）。然後，我會讓學員用自己的題目演練一遍（建構主義），為了幫助大家練習時能做得更好，我再提供一些參考的範例與架構，讓大家可以邊參考邊練習（建構主義的ZPD——近端發展區理論）。整個過程從行為→認知→建構，完整地走過一遍。你注意到了嗎？

再換個例子，舉知名講師「超級數字力」林明樟老師的教學實例，他會先給一個名為「獨孤九劍」的分析架構及流程，幫助學員更容易記憶（認知主義），接下來逐一解釋流程的分析細節（行為主義），然後發下真實的財務報表，讓學員用剛才學到的方法，自己分析體驗一下（建構主義）。有發現了嗎？在這個教學範例中，過程也是從認知→行為→建構，三個不同學習理論的

教學手法跑了一遍（儘管順序不同）！

也就是說，三大學習理論不是哪一個比較好，而是要在單一階段的教學中，把這三個學習理論走過一遍，學員才會有更完整、更好的學習。

從哪個理論開始最好？

黃金三角應該從哪一個學習理論開始比較好？這倒不一定。很多人可能會從行為主義——也就是講述——開始，但如果從認知主義開始，先給一個易記的架構或流程，再用行為主義的方式說明內容，之後再用建構主義的手法讓大家消化吸收，這也很好。

那有沒有可能，一開始就從建構主義式的教學手法切入呢？當然有可能！譬如，我觀摩了企業創新教學周碩倫（Adam）老師在頂尖企業的課程時，其中有一段教的是創新流程改造，周老師什麼都先不教，而是請學員先看一段影片，接著讓大家討論，在影片中有哪些不同的觀察？是否看到什麼創新的想法？（自己觀察、發現的建構主義式學習），接下來，他才開始針對影片中的重點逐一講解（行為主義式的講述教學），到這裡其實已經教得很清楚，理論上可以結束這段教學了……。

等一下！細心的你一定注意到，有建構主義、有行為主義，但似乎少了一個？沒錯，就是認知主義學習法這段！

Adam 老師當然也不會漏掉，在講解結束後，他又把整個流程歸納為五大步驟，讓學員更容易從中得到整理後的架構。而為了加深印象，他又出了另一個題目，請大家以剛學到的架構，應用在一個新的主題上。

你是否有注意到：這又開啟了另一個黃金三角的循環呢？

我的好夥伴——職場頂尖教練憲哥，在他知名的「教出好幫手」課程裡，基本上就是使用了「我說給你聽」（行為理論）、「我做給你看」（過程中也整理成口訣，偏向認知理論）、「讓你做做看」（建構理論）；就這樣，學習理論的黃金三角持續循環、往前推進！

舉一反三，無往不利

從上面所舉的例子中，你也許可以體會到理論有趣的地方。雖然老師教學方法不同、教學內容不同、教學對象不同，但是都能在不同的狀況下，找出一個相同的理論架構——教學理論的黃金三角，來解釋怎麼塑造一個完整的學習，甚至構建出一門好課程。這是我在融合了企業實務教學經驗與教學理論的學術基礎之後，提出來的一個課程分析架構。

未來你在自己教學，或觀摩不同的教學課程時，可以套用這個架構，並且檢查一下：在教學的過程中，這三個學習理論有沒有完整地轉換過一遍或多遍？有哪些地方是缺乏的嗎？譬如：如果都是以行為理論為基礎的講述，是不是應該加上一些建構理論式的演練呢？而如果要做演練時，是不是應該提供一些認知理論式的口訣或 SOP，做為演練時的支持呢？

理論當然是博大精深，也是前人研究者智慧的結晶，但理論絕對不是用來嚇人或唬人的，而是用來助人的！善用理論，結合實務，教出一門更好的課程，這才是本書花了許多篇幅談學習理論最大的目的！

應用心得分享

教學，不是你會講多少，而是學生能學多少

幫你優行銷總監兼業務副總　張怡婷（Eva）

福哥曾經語重心長地跟我說過：「Eva，妳口才很好、台風穩健、論述能力很強，所以，妳在應用教學的技術上，更有進入障礙。」我還記得當時聽到這句話時的震驚，我講得好，所以我反而很難教得好？怎麼會？

後來，在福哥的建議下，我檢視了每次上台的方法與成果，才發現福哥說得對。我過於仰賴我口說的天分，習慣用講述法一招打天下。頂多再搭配一些故事、分組、舉手問答，學員反應就有 85 分以上，又何必再精進我的教學技術呢？

但有幸上過幾次福哥的課程，見識了他神乎其技的教學，在幾乎不用作筆記的情況下，課程結束一個月後，上課所學依然歷歷在目。一次又一次的「見證」，讓我實在忍不住要挑戰自己，能不能也利用福哥傳授的「教學的技術」，將課程從 85 分進步到 100 分呢？

於是，我開始在簡報教學、時間管理等課程上融入大量教學技巧。例如「高效時間管理」課程中，先是影片法加上小組討論，讓學生自行發覺時間管理上的痛點，這就是福哥說的「自己觀察的建構主義式學習」，再提供時間管理的小套路供學生解決痛點，這就是福哥說的「整理成口訣公式的認知主義」，最後再以小組競賽讓大家利用套路解決影片中呈現的難題，這又回到「自行分析體驗的建構主義」。

在學員的反應中，我發現我在流利口說與強力論述的基礎上，讓學生從「行為主義」學習法之外，再搭配認知主義與建構主義的學習成效，他們這才從課堂上短時間獲得了真真切切「學得到、帶得走、能應用的功力」。

教學，不是你會講多少，而是學生能學多少。身為一個媽媽，我怎麼會在福哥提點後才茅塞頓開呢？我更應該要了解這點才對啊！每次希望小孩們學會一些道理與能力，「說教」是最沒效益的

教學方法，而且反而會有反效果啊！

　　演講了得的高手，在教學上更容易有盲點。觀眾很嗨很投入，但他們可能只從我的話語中被激勵、被感動。然而一個月過後，除了這些虛幻的情緒激盪之外，他們究竟獲得了哪些能力，可以應用在生活上，解決真實的難題，這才是一個好老師該著重磨練的地方。

　　我現在更喜歡的不是在課堂結束後拿到的高分問卷調查，而是在一兩個月後，學生在改變生活、解決問題後，傳來的感謝訊息，跟我分享他們在實際應用後產生的效果與能力提升。這才是實實在在的教學成果。

應用心得分享

擺渡人的真心──不斷地反省與進步

輔仁大學營養科學系副教授　劉沁瑜

　　電影《擺渡人》有句話說：「能夠坐下一起吃火鍋的，都是同一個世界的人。其實吃什麼無所謂，身邊坐著誰才是最重要的。」老師就像擺渡人，學生一批批來了，又走了。老師不管授什麼課，重點是教學的技術與陪伴。真心地跟學生坐著並且在一起，是一切教學的圓心。

　　今年是我在輔大營養科學系任教第八年。教學就是透過課程設計，把一團知識引導給學生吸收。像做料理一樣，我們不能逼著學生去茹毛飲血，而是要把食材處理好讓學生適當取用。好的教學法如同好的烹調技術，把生食變成美食，把知識解析成學生易消化吸收的素材。因此當了老師之後，我更理解一定有更好的教學方法可以引導學生，有好的方法才能進步，老師也需要學習，讓自己的教學能力提升。這是為什麼我會去上福哥的「教學的技術」。

　　綜合福哥的教學與我自己一線的教學經驗，我把引導學生學習

分成三個階段。

授課前

我們常要學生課前預習，同樣地，老師在課前的備課是教學中最花心神與時間的部分。尤其必修課與選修課的目標完全不同，國家考試的必修科目像是骨架，必須鉅細靡遺地上完；選修課比較像骨架上的肌肉，可以增加人生的強度與行動力，得依照每個學生的能力與進度不同，時時調整。

每學期第一堂課開始前，我會明確解釋這學期的目標與進度，我也知道一定要善用學生習慣的社交工具來引領，所以我會在課前把社團開好，把上課的學生帶來群組內。每堂課透過貼文的回覆，我可以即時檢核學生是否閱讀了我貼出的說明文件，也確認是否達到我預期的學習目標。

授課中

課堂是老師與學生互動最頻繁的階段，也是運用三大學習理論的舞台。我也很常用小組討論，讓同學在課堂中便確認自己是否學會（認知主義），或是立即上台報告，或在黑板上寫出答案，台下同學同時整理自己的學習（建構主義）；其他還有以影片輔助理解抽象的生化生理現象（行為刺激或知識建構）、臨床個案討論（知識建構）等。下課後同學常常累癱在桌上，但很多學習內容都在課堂中記住了，這點我覺得很過癮。

授課後

課堂的內容我會放在群組內跟學生討論。從腦神經生理學的角度來看，課後的互動可以延長學習效果。如果我在課後立即給學生回憶上課內容，是不是更能幫助學生理解呢？答案是肯定的。雖然這樣的投入方式被很多人笑，覺得我太費心，但我認為學生在課堂上有收穫、學習有效果，才是檢核一個教師的 KPI。雖然費事了點，但有效。

　　三階段過程讓整個學習的歷程跑完一遍，成為一個課前有預備、課中有投入、課後有複習的循環。教學的技術必須不斷地投入反省與進步，就是福哥常說的 AAR（After Action Review），說穿了就是比認真。透過這樣的教學設計與引導，也讓學生們可以在教師設計的學期情境內共學（Social Norm）。福哥書中說明的技巧更豐富，很值得每一位對教學有熱誠的朋友細讀。

應用心得分享

提升教學成果，進而改變世界

新生大學全棧營共同創辦人　鄭伊廷（Xdite）

　　全棧營是一個培育程序員的線上教學平台，曾經在 2017 年創下了一個梯次培育五百個程序員的世界紀錄。

　　全棧營的學成率兩梯平均有 40%。別看這個數字好像不是很高，一般業界線上學成率大概就只有 5% 而已。為什麼全棧營的效果是一般同業的八倍呢？其實這都要歸功於當時王永福與謝文憲老師開的職業講師培訓課程「講私塾」。

　　我一直的夢想就是想幫世界培養更多的程序員。但是教學是困難的事，程式教學更是困難，更別說遠端程式教學了。

　　我在研究如何將課程做得更好的路上，遇見了三位老師，王永福、謝文憲、林明樟老師。他們三位都是業界大名鼎鼎的神級老師，上了他們的課，我才知道原來一般的技能培訓課，老師可以用這麼有趣的方式，將課上得精彩無比。甚至不僅如此，不管多難的課程，都可以讓學生上課秒學會。

　　這一切的背後，都是有「套路」「方法」的，不但科學並且充滿眉角。

　　而「講私塾」這門培訓課程，就是王永福與謝文憲老師不藏私

地將他們過去十年無數場教學的精華,無私地分享傳授給有志於傳授知識的準職業講師們的一堂神課。

我在上了這門課之後,更進一步地鑽研認知心理學,將課程做了極大的改進,才有後來的成果。

講私塾當年入學門檻極高,只有職業講師才能報名。所以我現在非常高興看到福哥願意把這麼厲害的技術,甚至再一次地普及化,出版成《教學的技術》這本書,促成一般有志於傳授技能的老師大幅提升教學成果,進而改變世界。

應用心得分享

為改變課室學習氛圍而努力

龍津高中理化老師　曾明騰

「各位同學,把課本拿出來,翻開第 89 頁,我們開始上課,這裡講的重點是……」

老師不斷地在黑板上振筆直書,同學們也在筆記上龍飛鳳舞,漸漸地三十分鐘過去了,老師持續口沫橫飛,學生卻早已呈現人生百態,與周公或與網友有約,筆記上的文字也幻化成各種創意圖像了。

在傳統講述填鴨教育下成長的我們,對於這樣的課室風景一點也不陌生,我們總期待著超人老師橫空出世,解救眾人於水深火熱之中,讓學習能變得更有趣,讓知識應用能更加貼近生活,讓上學變得更讓人期待。

王永福老師,江湖上人稱福哥,數年前的一次機緣在謝文憲老師(憲哥)的電台節目上與福哥和嘉琪教授巧遇。第一眼對福哥印象深刻,那高大的體魄,不怒而威的神情,突然好想跟福哥同一隊打籃球啊(強力中鋒來著)。聊天之後發現福哥籃球還真的打得不

錯，教學技巧與學習理論的交叉應用上更是一絕，「時間」永遠是福哥最感到奢侈的事物，而這樣忙碌的他還是能硬擠出時間來，將職業講師寶貴的教學 know-how 無私地分享給大家。

　　書中將學習理論三兄弟：認知主義學習理論、行為主義學習理論、建構主義學習理論，巧妙地透過眾多名師實際運課流程一一拆解與融合，原來不是哪一個學習理論比較好，而是混搭勾串在一起形成黃金三角，才是最好的課室風景，讓我想到當初投身教職時，一開始想改變課室學習氛圍所做的努力。福哥在書中看似寫來不費力，但我們都知道要能將不同的學習理論相互配搭，代表每一個理論下的實證經驗都必須非常之豐富啊，就像獨孤九劍風清揚老前輩一樣，每一出手都有無窮無盡的變化，教學亦如是。

　　書中福哥更實際拆解許多有趣又有效的教學方式，不只可運用在企業培訓上，也可運用在學校課堂裡，從影片教學法、PBL 教學法……搭配老師們的課室風景一一呈現，更透過 ADDIE 流程來協助每一位講師或老師好好去進化自己的課程，讓更多的學生或學員們能發現自己的潛能。

　　我很喜歡福哥曾經說過的一句話：「找到有靈魂的課程，才能教出課程的靈魂。」

　　福哥勉勵著許多企業講師和從事教職的老師們，以聚焦、累積、演化來讓自己教出課程的靈魂，也激勵著我去貫徹教育本質的精神，進而活出教育愛的靈魂。

10

邁向職業講師之路

10-1　大師實戰篇：從創意到創新

　　看到這裡，已經是本書最後一章。不曉得你心裡會不會有個疑問：「教學的技術看起來很不錯，但其他的頂尖講師們，也在用這些教學的技術嗎？還是有什麼不同之處？」其實這也是我心裡常問自己的問題。如果這些教學的技術真的對學習者有幫助，其他的企業講師也會這麼想、這麼用嗎？相同的教學技巧由不同的老師操作時，效果會一模一樣嗎？還是有什麼差異呢？

　　有了這個想法後，我開始拗我身邊的講師好朋友們，分別是憲哥（謝文憲老師）、MJ（林明樟老師）以及 Adam 哥（周碩倫老師），死纏爛打，非要他們允許我去旁聽他們的課程不可。

　　為什麼都是好朋友了，還得死纏爛打才能去旁聽？

　　因為企業內訓的現場，一般人是不可能被允許旁聽的！企業內訓總是有企業各自的商業機密，而每個職業選手又有各自的教學 Know-How，能有機會全程貼身觀察這幾位企業名師，根本是一件不可能的任務。不過，由於我們之間有兄弟般的交情，因此在拗了很久後，我終於得以觀摩三位頂尖名師每一位的教學過程。

　　除了三位企業內訓的頂尖名師外，我還自費參加了 TED x Taipei 講者、也是知名職業講師火星爺爺（許榮宏老師）的課程，

從中觀察到很多有意思的教學方法。還有我的好朋友、好兄弟——台大教授葉丙成老師，我們曾有多次共同演講與教學的經驗，讓我有機會感染到他誠摯的教學態度與無敵的教學熱情。從他們身上，我看到了好講師的共同特質。這一章將會與大家分享我的觀察。

在這五位講師之中，Adam 哥的課程觀摩最難安排，因為 Adam 哥沒有公開班，要進到企業內訓還得通過公司保密資訊及 HR 審查這一關。皇天不負苦心人，終於，前些日子 Adam 哥剛好要到我長期授課的頂尖企業開班，我不只和訓練單位很熟悉，也清楚該公司的特色與文化，知道教學對象的屬性，如果有機會全程觀察，就可以一窺我們兩人在教學上相同及差異的地方。因此，在麻煩相關人員安排後，我終於進到 Adam 哥的教學現場，觀摩一整天的課程教學。

好老師都會的技術

課程名稱是「從創意到創新」。

Adam 哥是全台灣最早去美國學創新的三個人之一，也是少數學創新、做創新、教創新「三位一體」的老師，這幾年又陸續飛了好幾趟美國，前往創新的幾個重要基地——史丹佛大學、Innosight、迪士尼——學了好多最新的技術回來。單單是史丹佛大學「設計學院」（d.school）的課程，學費就高達台幣五十萬左右，機票住宿都還不算在內。

透過不斷授課、不斷學習，Adam 哥融合了各家經驗及自身專長，設計很多門與創新有關的課程，例如「從創意到創新」「設計思考」「問題分析與解決」……等。單以聯發科來說，就已有

超過兩千個主管上過他的創新課，其他如中國的網易、搜狐、百度，以及國際企業如 Panasonic、許多知名藥廠及電信公司……，多到只能說「族繁不及備載」，甚至像台灣科技政策的創新龍頭——科技部的長官們，也都上過他的創新課程。

在 Adam 哥的課堂上，只見他一開始時簡略陳述過去的教學經歷，一說完後學員全都點頭稱是，信任度馬上爆表，不只對 Adam 哥敬佩，也對接下來的課程充滿期待！然後 Adam 哥和我一樣進行了標準開場的做法，例如：團隊建立、選組長、小組自我介紹、公布計分機制，過程中配合音樂，再說明接下來的課程段落重點。我一邊看一邊笑得特別開心——果然，好老師都會用相同或類似的技巧啊！比較特別的是，Adam 哥會給組長一些不同的任務，整天觀察下來，也看到組長更積極的表現。這一點是我之前比較少用的，讓我有不少學習。

另外，在問答法的操作上，Adam 哥的視線很寬廣，只要有人反應他立刻看得到並點名；回答後的即時計分機制，完全就是教學遊戲化 P（積分機制）的最佳示範。接下來開始透過影片觀看，讓學員判斷什麼是創新，還有小組討論法的應用，甚至連下課準時回來的技巧也都如出一轍。第一堂課的一開始，我就看到 Adam 哥多樣化又流暢的教學技術展現，果然是高手、高手、高高手啊！

不只學習，還馬上讓你應用

真正厲害的還不只如此。在第一堂課結束前，Adam 哥出了一個創意聯想的題目給學員；一開始大家當然腦筋卡卡，想不出什麼好點子，但是在 Adam 哥稍微引導，並提出「創意需要動手做」之後，整間教室變得創意如飛，比一開始進步了十倍都有！好老

師就是這樣，在幾個核心 Know-How 的指導後，學員的進步馬上就看得到。

　　課程中，還有許多實作練習。學員們各自發想與工作有關的創意主題，然後在考慮可行性及市場性之後，挑出創新的議題。平常這些高科技研發部門的學員們，並不熟悉這樣的思考及發想模式，因此一開始會有點慢，但是 Adam 哥馬上應用演練法的標準模式：PESOS，再加上「說給你聽」「做給你看」「讓你做做看」這些步驟，大家套用創意討論的方法，果然想法越變越多，再應用創意提案及價值篩選公式，果然都能挑出很有意思的新創想法。

有靈魂的課程

　　在企業內訓中，學員挑選的創意及創新議題都和日常工作相關，也非常專業，但是 Adam 哥還是能在學員發表後，馬上給學員有價值的回饋，幫助學員看到自己的優點，也發現未來的改善點。Adam 哥對學員的回饋及講評，讓人驚訝他的豐富閱歷及高度素養，每個答案都極有內容深度，直指核心，刺激學員有更多的思考，並看到下一個可能。

　　有些東西，並不是看幾本書就學得會的！我還記得，那天 Adam 哥在上課時有提到，要能做出有價值的創新，其中有個重要的原則：要親去現場、親自體驗。他自己，就是徹底實踐這個原則的典範！

　　先前，有一次 Adam 哥因為接了一個大陸車廠的創新訓練委託，備課時便親自飛了一趟日本，只是想知道日本頂級的車廠都怎麼做，然後把他親身的經歷結合過去的經驗，在課堂上與學員分享。前一陣子他去了矽谷，親自拜訪 FB、Apple、Google 等知

名企業，就因為現場實地體驗才是最深刻的。即使行程如此忙碌，他還修了創新大師克里斯汀森（Clayton M. Christensen）的線上課程，不僅每週都要交作業，還要參與討論。他在那幾週工作剛好特別忙碌，雖然人奔波在不同的國家與城市，但還是沒有缺過一堂課！

這些集中在創新領域的不同努力，讓他信手拈來即是案例，教的早已不是一門課程，而是一種創新的生活態度！這就是我說的「有靈魂的課程」，讓我在台下敬佩不已！而 Adam 哥充滿學者風範又重視實務應用的個人特質，讓他的課程兼具深度與廣度，讓台下學員知道、得到、做到。在創新教學這個領域，Adam 哥絕對是排名頂尖的職業講師！

融入創新於生活之中

從 Adam 哥教「創新與創意」的課程裡，我再次驗證了頂尖企業講師的教學技巧。不管是多元生動的教學技術、提升課堂動力的遊戲化機制，或是重視實務的演練，都是好老師共通的技巧。然而，雖然方法相同，但是每個老師的呈現與操作不同，形成不同的上課節奏以及結構。

除了觀察 Adam 哥教學的技術外，我自己也學到很多創意與創新的 Know-How，而且邊學邊想，接下來該怎麼把這些內容應用在我的工作上。再次謝謝 Adam 哥周碩倫老師，讓我不只看到了創新的技術，更見識到一種把創新融入生活的態度。

你也很想上一堂 Adam 哥的創新課嗎？ Sorry! Adam 很少公開授課。請關注「創新小學堂」，也許未來你也有機會聽到他精彩的課程或演講哦！

10-2　大師實戰篇：超級數字力

如果有一個課程，讓你兩天內就學完大學四年才教得完的課程，並且擁有立體解析財務三大報表的能力，也就是從損益表、資產負債表、現金流量表這三大報表中，看出一間公司經營的狀況，進而趨吉避凶，能比市場的眾多高手早半年至一年，從財報中看出投資前景。兩天！你覺得有可能做到嗎？

超級數字力名師 MJ 林明樟老師的課，就能做得到！

不斷進化的課程

我在 2014 年第一次上 MJ 老師「超級數字力」的課程，2015 年上第二次、2018 年上第三次。每一次感覺都像一個全新的課程！

也就是說，MJ 老師總是不斷在進化、不斷在修正。譬如第一次上課時排了三大報表的科目，第二次上課時開始出現「看財報挑出好公司／壞公司」，第三次上課又再加上「市場循環投資模擬遊戲」，課程也從一天進化成兩天。總而言之，這堂課就是在學員不斷肯定的狀態下，還能一直進化到超乎大家的想像！所以我常說，一個課程教了一百次，不一定能變好，因為重複的東西，每一次差別不大；但如果一個課程能進化一百次，當然一定會變

得超級好！

豐富多變的教學法

財務課程的催眠效果，大家都心知肚明，但如果你上的是 MJ 老師的課，保證連滑手機的念頭都不會有。一路下來，你會遇到各種不同的教學方法：問答法、小組討論找財報、三大財報科目排序演練、個案討論、投資模擬遊戲教學、個案解析；有非常多變和精彩的手法，不斷刺激著學員們的注意力及高度投入。

另外，從標準的開場建立信任、確立學習目標、分組挑組長以及遊戲化的 PBL 機制：積分、獎勵、排行榜，直到現場的音樂……，每一個操作細節，就連板書以及各種用具擺放，MJ 老師都做得極為用心！

MJ 老師還有一個教學特色：他把微軟的 Surface 平板電腦應用在教學上，手法之流暢，已經到了出神入化的程度。解析財報時，他會先請學員試著挑選，然後就用學員挑出的財報來做現場解析；這種時候，Surface 的手寫功能就可以一步一步且詳盡地呈現 MJ 的財務分析思路。例如先看現金流量三大比例、再看現金流量水位、再檢查做生意的完整週期、然後看一下毛利及營業利益、然後轉到股東出資水位、再檢查償債能力。這樣一環扣一環的過程，透過手寫標記及財報分析，難怪學員都有豁然開朗的感受！

追求極致的教具

教具的設計，始終是「超級數字力」課程的一大特色。

早期的財務科目排序，用的是小紙片加背膠，接下來先是進化成磁鐵盒裝版，然後是質感極為精緻的講義、筆記本，後來更

把課程中用到的財報輸出成大張硬紙板，還有讓學員帶回去的精美筆記、MJ 手寫的投資手札、財務撲克牌……。每上完一次課，大概要用一個行李箱才帶得走所有的教具。

在教具的開發及投資上，MJ 老師從來不手軟。我聽說，光是過去三年來，他就已經投入了超過千萬在教具的開發及改進上，許多教具還申請了專利。這麼用心經營，難怪能打造出亞洲最佳數字力及財務課程。

掌握學習的每一個脈動

一般老師在做 ADDIE 的分析、設計和發展時，想的就是教學目標、學生的程度、他們有什麼問題……，諸如此類的思考。但因為跟 MJ 老師夠熟悉，我得以深入他的教學開發團隊，觀察他們是怎麼做的。

在 MJ 的「超級數字力」行政辦公室中，有一份學習體驗分析圖，詳列了學員從接觸報名網站開始，到收到上課通知、進入教室、開始上課、每一堂課下課、中午用餐、回到教室上課，一直到課程結束、頒獎、回家……，還加上課後連繫的整個流程。

也就是說，與學員互動的每一個階段，「超級數字力」的行政團隊（小甜、阿正）都做過仔細的分析，了解學員的需求與感受，再思考如何強化或改善課程的細節。這可是非常驚人的一件事！因為這表示，MJ 老師及團隊在思考課程時，考慮的不是只有起點和終點，而是每一個細小的環節。這不僅建立在對課程的熟悉度上（不然就無從分析），還要擁有對專業的執著與投入，講究極致已經到了接近「變態」的程度！

熱情的來源

記得第一次跟 MJ 在台中高鐵站見面時，他告訴我「最喜歡教的就是財務課程……」，當時我有點驚訝（因為看到數字我就頭昏），我繼續追問他「為什麼」時，他立刻眼神發光，很認真地說：「你難道不覺得，從財務三大報表中像偵探一樣找出蛛絲馬跡，是一件令人很興奮的事嗎？」

在幾個月前，偶然在 MJ 家看到他大學寫的財務課程筆記，那份筆記之精美，讓我驚訝到下巴差點掉下來！字體工整、以顏色區隔重點、每一條線都用尺畫得筆直，甚至還有目錄、頁碼，書側再加上索引編號，筆記紙還印上 logo……，真的是不能再認真了。由此也可以看得出，他對財務是有一份超越常人的真愛。

本來只是「最喜歡的課程」，但這幾年下來，MJ 老師逐漸刪掉其他的教學課程，全力聚焦「超級數字力」，並且不斷進化與精進，終於塑造出一個每次開課報名時都秒殺、兩岸爭相邀請的非財務人員快速專精的財報專業課程。成功，果真是沒有奇蹟、只有累積啊！教學的技術也是如此，你說是嗎？

10-3　大師實戰篇：故事王

在知名的 TED x Taipei 講者、外號火星爺爺的許榮宏老師的「故事王」課程中，我跟大家一起瘋狂舉手，快速回答，也跟組員一起合作，完成每一個任務。能夠重回學員的角度，參與課程的進行，甚至觀察高手是怎麼操作課程的，實在是一件很痛快的事。

開場俐落，節奏明快

課程從一個快速而有效的開場開始，簡單調整一下分組（漂亮）、請小組破冰自介（必要）、以學員編號區隔任務（讚！）、取得承諾（有趣），然後說明激勵機制，再以自介配合舉手與台下建立連結。

每一個動作都乾淨俐落，看起來輕輕鬆鬆，卻都能引發台下開懷的笑聲！果然是職業選手的高級技巧，從學員的角度，我更能感受到這些技巧的威力。

接下來，火星爺爺快速展現幾個案例後，馬上讓大家離開座位，開始賣一顆蘋果，以這個簡單的任務讓學員們暖身，然後進行小組 PK。整個課程的節奏，明快到讓大家來不及猶豫，真棒！

緊接其後的是 M.T.V. 自我介紹練習，也就是我（Me）跟對方的連結（Me），再談一下我的核心工作（Task），然後介紹一下我們能為對方帶來的價值（Value），不只給了大家一個 MTV 的易記名詞，還用了標準的演練法操作，也就是老師先說給你聽、做給你看、再讓你做做看，然後用相互練習進行成效追蹤，這也跟憲哥「教出好幫手」的模式不謀而合。果然是高手所見略同！

每一堂課下課的重點複習，每一堂課的不斷強調內容，再再都訴求學員的記憶強化，想忘也忘不了！

M.T.V.、刷白 vs. 抹黑、超人北極搞對比、關鍵字百寶箱、WWW……一個又一個架構清楚的教學內容，配合「故事王公式」方便記憶。重要的是：每教一個公式馬上就進行實作，而且以學員相互的例子，套用剛才教的公式。每一個學員學到的不僅是方法，更能在現場馬上應用。

我個人特別喜歡火星爺爺用案例轟炸的方法，透過多面向的案例，讓我們對學習中的「故事王公式」有了更寬廣、更全面的了解。而且火星爺爺的案例都是他精心挑選出來的（他跟我說，大概要看過一百個案例才選得出一個），常常讓我們看了哇哇哇地驚叫個不停。

而不同教學方法之間的交互應用，包括講述、案例、問答、舉手、搶答、小組、演練、影片、實作、A ／ B 演練、組內演練、組間 PK，甚至最後的短劇大演練，種種教學手法層層搭起，真是令人驚豔！更細節的如音樂、燈光、桌型、點心，甚至走位及投影片等，全都很用心地搭配，這才建構出超棒的課程。

更不用說，火星爺爺的熱情，以及特別設計的現金激勵機制，以及小點心，都讓我有了更深一層的學習。謝謝火星爺爺！

從技術到藝術

大家可能會擔心：「這樣子細部拆解火星爺爺的課程，不會破梗了嗎？」

是嗎？你真的覺得只要拿到武功秘笈，就能練成絕世神功嗎？

下課時，我跟火星爺爺交換了對教學的想法，我們都認為：其實教學是可以學習的技術，但是各種方法怎麼組合得好、操作得順、用在每個不同的課程上，那可就是一門藝術了。

透過故事王的教學，我再次看到了教學的技術爐火純青的展現，也感受到教學的藝術。更謝謝火星爺爺的大方，讓我可以把這些想法寫到書中，與讀者分享。

看書能讓你知道，若想要真正學到，你需要一個好老師、好教練。

火星爺爺的故事王，就像通往故事星球的登月火箭，上課只是你學習的一小步，學完後的應用才是你人生的一大步！

10-4 大師實戰篇：用生命熱情教學

葉丙成老師，台大電機系教授、連續多屆優良教師、引領翻轉教育的推手、全球第一屆教學創新大獎冠軍、在 Coursera 開設第一堂華語課「機率」，創立 BTS 無界塾自學機構，同時也是 PaGamO ／ BoniO 公司的執行長，用遊戲化學習改變全國中小學生的學習模式，同時獲得許多企業支持及讚賞。這位我心目中的教學明星，熱情天才……怎麼會在深夜 FB 私訊給我？該不會是詐騙集團吧？我心裡想著。

一封深夜的訊息

幾年前的一個深夜 11 點，我收到葉丙成老師傳來的訊息：「福哥，不知道現在方便嗎？有件事情想問問福哥的意見……」在此之前，我只在報紙及新聞上看過葉老師，知道葉老師開了台大簡報課，我默默地加了他 FB 好友，但就只是偶爾關注。沒想到會在深夜，突然接到了他的訊息。

原來他的台大簡報課，有幾個學生也上過我的課，然後學生們跟他分享，認為我們兩人在簡報的觀念及教學態度上，有許多十分相似之處。葉老師心想：如果可以進一步交流，說不定能讓

彼此的課程變得更好。就這樣出於對教學的熱情，我們在那個深夜聊了不少，後來進一步，我邀請他為《上台的技術》寫序，我也去他主辦的台大簡報大賽擔任評審。我們更常見面交流，彼此的交情日深，甚至一起開課、一起演講。價值觀與教學觀相近的兩個人，逐漸變成彼此相挺好朋友、好兄弟。我也把身邊的教學強者好兄弟們，一個一個介紹給他，大家互相交流想法是很開心的事！

瘋狂的教學熱情

不過，我覺得他不是正常人！他對教學與演講的熱情真是太瘋狂了！

從他最早上 TED x Taipei 的那場演講，我就有這種感覺了。哪一個正常的老師會想要「用機率課改變世界！」然後把機率這麼一門深奧冷硬的課程遊戲化，後來還打造了一個 PaGamO 的遊戲教學平台。為了一門課創造一個教學平台，這也只有他才做得出來。

有一次我們一起演講，憲哥先上台、葉老師排第二、我第三個，想不到他一聽到憲哥演講的內容，就馬上打開筆電，開始改投影片！我就坐在葉老師旁邊，親眼看著他邊聽演講邊改投影片，等到他上台後，無縫接軌地講出他才「剛剛改好」的內容與投影片！讓人嘆為觀止！我在下台時問他，剛才發生了什麼事？他回我：「因為發現憲哥談的主題方向，跟我原本設定的有點不同，所以馬上更動調整，讓聽眾的感受更有一致性！」原來是為了聽眾的感受，真是令人感動！但現場調整投影片，這功力太強了吧！

燃燒自己的教育者

最近的一次經驗是：我再次獲邀擔任台大簡報大賽評審，到達現場後看到葉老師滿身大汗地衝到演講廳，才知道他早上剛去台北市郊為一群國小老師演講，飯都沒吃就趕到了現場，然後一整個下午面對十二位講者及三百多位觀眾，逐一做了精彩的講評。活動結束後，本來想邀他一起用餐，沒想到他搖頭苦笑了一下：「福哥謝了，我待會還要趕去桃園，跟桃園的老師們再談一場教育的演講……」看著他拿起側背包匆匆離開講廳，我只想著，他什麼時候能好好吃個飯呢？

真誠的付出，才是教學的技術

只要有機會坐下來聊天，只要一談到教育的主題，我就看到他眼神發光、眉毛會動（套句葉老師的說法，表示很投入、很有精神），即使再怎麼累，他都願意貢獻自己的時間精力，為教育再多付出一分力。

不久前的一次同台演講，我仔細觀察講台上的他，沒有特別花俏的投影片、沒有華麗的詞彙、甚至也沒有太多教學或演講的技術，但就是真誠地談到他對教學的熱情、他正在做的事……，我轉頭看著台下的聽眾，大家都被他的真誠所吸引，進而感動。當他談到幾個令人揪心的教育議題時，我瞥見有些聽眾默默流下了眼淚。

聽說最近葉老師的 BoniO 公司，開始把遊戲化教學的技術平台，導入到企業教育訓練中，也有很多公司開始採用他們 PaGamO 的企業版解決方案，把原本枯燥的制式企業訓練課程，

像是法規、條款、企業基本訓練等，快速變成好玩的線上遊戲教學。相信這絕對能大幅改變教育訓練的面貌，也是企業訓練的一大福音啊！

　　為教育真誠付出，為教育燃燒熱情，才是我從葉丙成老師身上學到的——用生命來實踐的教學技術啊！

10-5　大師實戰篇：發揮影響力

　　寫在前面的是：最親近的人，反而最不好寫，但我還是希望，我能以有限的文筆寫出一點點憲哥在台上的影響力——我是真的搞不懂憲哥是怎麼做到的啊！

我看憲哥之「教學的技術」

　　如果你問我：我身邊的頂尖職業講師裡，有誰可以完全無視「教學的技術」，只需有什麼說什麼，就能全場牢牢抓住學員，不管是一小時還是一天，課後的評價也永遠是爆表？那個人就是憲哥——謝文憲老師！

　　憲哥的職業講師生涯超過十年以上，教學場次接近兩千場，教學時數逼近兩萬小時，授課人數接近十萬人，還出版了十本書，並且主持廣播、線上影音節目，代言羅技簡報器及其他廣告，同時也是《富比士》雜誌評選出來的亞洲前五十大最佳講師之一。很多人聽過他的演講後，立下新的人生目標，選擇不同的職涯轉換，甚至離職重新開始（看起來，聽他的演講很危險）。對很多人而言，憲哥都不只是一個職場影響力大師，更像是大神一般的存在。

不需要努力的，往往才是最努力的那個人

這個大神曾經是我的競爭對手，如今已是一起工作的好兄弟、好夥伴。我們一起創辦了公司，也共同教了很多的課程；所以，我比別人有更多的機會，在教室後面觀察他上課。因此，我可以更深入地看到：一個頂尖的職業講師到底是怎麼教課的，背後又付出過多少的努力。

一起工作好幾年下來，我才知道：看似最不用努力的那個人，常常才是最努力的！憲哥的教學技巧收放自如，既可以在大場演講散發熱情，也能在小場上課精巧運作。而且，他詳實記錄自己每一次的教學數字，場次、人數、時數……永遠瞭如指掌，這種對自己的紀律要求，完美詮釋了職業選手的精神。（知名的職業選手，哪一個不是用數字寫下紀錄？）

光講這些形容詞對你了解憲哥用處不大，最好是實際進到憲哥的教學現場來看看。看完之後你才會知道，大神之所以是大神，不是因為其他人的簇擁，而是他自己對教學表現極度要求的自然結果。

企業內訓的教學現場

再把時間拉回到五年前，地點是憲哥的企業內訓教室。當天我的角色不只是觀察者，更融入現場、當起了學員之一。那也是我第一次走進憲哥的教學現場，試著用自己的感受，體驗一下他是如何運作一門課程的。相對於公開班，企業內訓對講師更有挑戰，「憲哥是如何應付這樣的教學挑戰呢？」我心裡想著。

課程準時在上午九點開始，主題是「達人銷售技巧」。憲哥

站上講台，在親切問候學員之後，就開始了一段精簡卻有說服力的自我介紹，除了簡單提及個人背景外，重點是他對銷售技巧這門課程的熟悉程度，以及過去在職場上他如何應用這些技巧，成功達成目標。如同我們先前提過的：好的自我介紹，是建立信任的方法。要讓學員相信你所教導的課程內容，首先就要讓學員相信你，這是我個人認為非常重要的一個技巧，而憲哥做出了絕佳的示範。

在建立課堂規則的方法上，我也看到憲哥是如何建立團隊，指定組長任務，並說明課程的進行節奏及規則。一個有經驗的講師，不會急著講述課程的內容，而是會讓學員做好準備後，才開始一天的課程。

教學技術的展現

課程從一開始就非常精彩，「九宮格」的破冰活動是我先前所沒見過的，令人驚豔！透過舉手及問答法的方式，不僅讓學員覺得有趣，而且會全神投入課程。開始課程內容講述後，憲哥總是輔以生動活潑又貼切的故事實例，來為冰冷的原則或理論注入生命，讓人見識到「說故事影響力大師」的功力。

由於課程涉及銷售技巧實務，憲哥也會穿插小組討論的實務練習。混合了實務演練的 PESOS 技巧（我說給你聽、我做給你看、讓你做做看），以及小組討論的操作細節（題目清楚、寫在紙上、控制時間、要求發表），學習現場的氣氛非常活絡，互動不斷。更重要的是，學員不僅學到了講師傳授的理論架構，更能在現場以自己工作上的實例轉化活用，有問題時老師也可當場指導。憲哥不僅在課程中示範了這些不同的教學法，更運用個人豐富的教

學經驗，讓效果極大化。

一整天精彩的課程，我看到了遊戲化機制的操作、影片法的感動元素、開始時對現場位置的調整，還有許多精彩的授課手法及秘訣。真是教學技巧大展示，讓人印象超級深刻的！

台灣走透透，體會多更多

當然，後來我們一起教了許多課，甚至曾經在一週之內環台講了五場演講，籌集了超過百萬的金額給需要的慈善單位。透過這幾年的觀察，我又有了除了教學法之外，更深的體會。

一、頂尖講師都會應用「教學的技術」

印象很深刻的是，有一次，我跟憲哥在準備「憲福講私塾」的教學課程時，我請憲哥錄一段他平常在企業內訓的開場實景，讓我做為教學的素材。看完影片後，我驚訝地發現：我們兩人雖然沒有事先套好，但開場時做的動作依然驚人地相似。雖然細節有點不同，但大致的流程幾乎一樣！包括過程中的小組討論、演練法的操作、重點的歸納及整理，以及影片的運用。這些透過實戰後整理的教學技術，是每個頂尖的職業講師必備的看家本領，真的值得大家模仿跟學習。

其實，憲哥可以說是最不需要運用什麼教學技術的人，只要上台講話，台下自然就會被他帶動。但他已經進化到「無招勝有招」，想用的時候用出來，不想用的時候直接講述。反正怎麼樣都效果好，這一點我真的非常佩服！

二、技術可以學習，影響力無法複製

你有沒有想過，如果完全複製憲哥的口條、動作、語言、教學手法，你有沒有可能成為下一個憲哥呢？答案是：很難！

在這幾年近距離地觀察憲哥後，我也許可以仔細拆解憲哥所應用的教學技術，卻怎麼也無法解釋：為什麼同樣是一場演講或課程，憲哥可以產生這麼大的影響力？

我總覺得，他是用生命在講每一門課程、每一場演講。一句平常的話，透過他的嘴裡講出來，就有極大的影響力。「台灣不缺抱怨的人，缺的是捲起袖子動手做的人」「沒有目的，才能達到真正的目的」「做個好人，行有餘力時幫助別人」……，這些話語總是深植人心，在聽講的夥伴心中烙下深刻的印象，並實質地對許多人帶來改變。他是怎麼做到的？只能請你親自到現場體會。

三、不一樣、卻很一致

雖然一樣是職業講師，甚至經常同台競技（我們有很多機會一起上課、一起演講，甚至一起出了一本書），但我跟憲哥其實是很不一樣的兩個人：他在台上比較激情，我相對比較冷靜；他在台上自在揮灑熱情，我致力於精巧的技術展現；他喜歡熱鬧，我則更像宅男大叔；他的投影片像陽春麵，我的投影片湯濃料多（算是開憲哥的玩笑）。但不管怎麼樣，我們的教學成效都得到學員們的肯定，也在教學上有各自的定位。

所以，重點不是你「跟誰一樣」，身為一個講師，目標永遠是同一個，也就是「教學成效」。我們的做法、教法、甚至個人風格都可以不一樣，但是我們對教學效果的重視很一致，才能透

過不斷的追求，達到同樣的高峰。

與大神同行，向未來前進

相對於很多人，我當然是幸運的。

我的幸運在於：身邊有很多大神級的好朋友，總是願意無私地分享「教學的技術」，讓我可以觀摩、學習、成長。除了憲哥，還有 Adam 哥（周碩倫老師）、MJ（林明樟老師）、火星爺爺、葉丙成老師，以及許許多多在憲福育創開課的講師們。只要有機會坐在教室最後一排觀察，我總是仔細地記錄、用心地學習。

謝謝各位老師帶給我的體會，也希望我整理出來的「大師實戰篇」，有助於改變教學的環境，讓我們再也沒有無聊的教室，創造未來的教育，這才是我寫這本《教學的技術》、在這裡公開這麼多職業級 Know-How 衷心的願望啊！

10-6　我的教學修練之路

　　很多人都問過我：「要怎麼開始學習教學的技術？」很多人也很好奇，我當初是怎麼學習教學的技術的呢？

　　這當然不是一蹴可幾，也不是因為上了某堂講師班就學會了。其實在成為職業講師之前，我有很多段不同領域的教學磨練，也許可以提供給有志教學的夥伴一些參考方向。當然，條條大路通羅馬，這只是我個人的經驗哦。

從補習班教進學校

　　最早站上講台教課（而且有鐘點費），是專科三年級時想找打工的機會，偶然問到一間電腦公司（記得是家附近的宏碁電腦）有程式教學的機會，鐘點費很優渥（300 元／小時，1988 年），也不管有沒有教學技巧，就跑去應徵了！

　　那時教的是 Basic、Dbase、AutoCAD 等實作課程。因為補習班的電腦教學一定要有實際的成品，學生才會感覺學到東西，所以那時就自然會用目標導向的教學規劃，先想好成果（譬如：要讓學生學會判斷式、學會迴圈，或做出一個資料庫），再去想要怎麼教。

　　上課時，一定是我先示範一段，再出一個作業請學生做，一段一段教，一段一段推進，最後再把這些東西組合起來。雖然完全不懂什麼教學技巧，至少從結果來看是好的，而且補習班老闆也很滿意；所以一直到當兵前，以及退伍後工作的第一年，都還有在電腦補習班教課。

　　有趣的是，在我補習班任教一年後，升上專科四年級時開始有電腦課，因為老師教的內容我大部分都會了，所以上課時便打起瞌睡！（這是壞榜樣，千萬不要學啊！）結果有一次老師叫我起來，在黑板上出了一個題目考我，大概以為我沒聽課一定不會。結果，我不但上台把程式解完，還順便向大家講解了這一題的邏輯重點及注意事項。

　　下課後，老師問我的狀況，才知道我已經在外面教課，接下來的發展出人意料：他指派我教接下來的電腦課程！於是我從台下的學生，變成台上的助教！角色雖然轉換了，但同學們可不會對我客氣，當我講得不好讓人聽不懂時，大家都會直接吐槽我；為了不被吐槽，我會在上課前想好課程的教學步驟，同時安排學習進度。

　　所以，雖然還沒畢業，我也算有在專科教室教學的經驗了。

　　畢業後我成為工地主任，一開始的幾年還有在電腦補習班兼課打工，後來就中斷了一大段的教學生涯。一直到28歲，成為美商安泰人壽的業務員，又開始了系統化教學技巧的學習。

學而優則教

保險業是一個淘汰率很高、挑戰不小的行業。

為了提高人員的專業性及留存率，保險公司必須有系統化的教育訓練機制。安泰在中區有一個很具規模的教育訓練中心，引入了LIMRA（美國壽險行銷研究協會）許多專業的訓練系統和培訓手法，也打開了我對系統化教育訓練及教學技巧的視野。

那時我學到了，包含分組運作的機制、小組討論法、演練法的操作、教學與互動的掌握、教學現場的安排、教學環境的控制等。後來我升任主管，也參加了公司辦的口才訓練班及講師培訓班，學到更多教學應該注意的細節，像是eyes contact、走位、聲音、暖場、如何與學員建立信任、回饋及指導的方法。

我以第一名的成績完成了每一個講師訓練課程，快速成為公司內的超級講師（這裡的「超級講師」，指的是每年授課超過一定時數，應該叫「操級講師」才對）。

這段時間是我教學技術的快速成長期，當時的中區訓練主管美芳姐，給了我許多學習、觀摩、操作的機會，我也開始上一整天的新人銷售技巧培訓課程（是啊，我最早的全天課程是專業銷售技巧，只是成為職業講師後，反而就沒教銷售了）。

為了讓自己有更多的成長，我報考了EMBA，成為在職專班的研究生。這時出現了引領我再次提升教學技術的兩位導師：賴志松老師與劉興郁老師。賴老師對很關心學生，態度親切，亦師亦友，讓我對老師的角色有一個追隨的典範；而劉老師更是完全打開了我對教學的眼界，讓我看到：再專業、再學術的課程，都可以透過教學規劃和課程操作，讓學生忙得要死又愛得要命。

我很適合當老師？

直到現在，我都還記得十五年前我們在人力資源課堂上熱烈討論的情況，甚至回想得起當初業界訪談報告的內容。

毫不誇張地說：即使是以我目前教學的技術，我都不覺得能夠超越劉老師對課堂經營及討論掌握的功力！

因為劉老師在成為大學教授之前，也曾是業界知名顧問，之後才到學校指導學生。第一次在大場演講看到小組討論的操作，也是在劉興郁老師的演講現場。

如果我在教學上有什麼好的想法，很多就來自於劉老師的指導和啟發。

在教學的路上，我還有一個超級伯樂，就是我老婆 JJ ！十幾年前她還是我女朋友時，曾到公司看我上課，之後她跟我說了一句：「我覺得你真的很會教課吧，很適合當老師！」那時還以為她只是不喜歡業務工作，寧願我到學校當老師比較穩定，為此我還跟她爭辯了一下。結果後來我變成職業講師，談起這件事還被她唸了很久。

記得那時聽她說，看我上課有一種很特別的感受。沒想到，當我從 EMBA 畢業、離開學校之後，還真的就開始在兩所大學兼課了（老婆真是有遠見啊）。

然後，因為想要把大學的課教好，我又回去修了劉老師的課——因為上午學到的招式，下午就要應用在我的課堂上。

在學校練習「教學的技術」

2006 ～ 2007 年，可以說是我準備進入職業講師生涯的起點。

那時 EMBA 剛畢業，心裡也想要轉換跑道，給自己更大的挑戰，但是到底要做什麼還沒個底。我採取的方法就是：多線嘗試，再看看自己哪方面最擅長、最有能耐。

一開始，我先找了兩個朋友成立管理顧問公司，開始接觸企業教育訓練的市場。同一時期，我也在僑光科大及台中技術學院（現在的中科大）當兼任講師。藉由這個機會，我開始實驗性地，把以前當企業內部講師時使用的教學方法應用在學校的學生身上——包含五專、二技、日間部、夜間進修部。透過跟學生們的互動，我自己也學習到很多。

在學校教學的過程中，印象比較深刻的一件事是：我把行銷管理的期末考改成個案比賽。期末考當天，學生都到教室後，我就宣布「今天的期末考不是筆試，而是個案競賽」，先請小組長（班上整個學期都是用小組互動進行）上台抽個案，每個個案都描述了某真實企業即將進行的週年慶或產品行銷案。

實際進行方式是：每個小組就是一個專案團隊，可以在兩小時內自由活動，到電腦前或圖書館或任何地方找資料；但最遲兩小時後必須回到教室，提出自己的行銷計畫，每一組還要做一個七分鐘提案簡報，同一個案子由兩組共同競爭。報告結束後，再由我請其他組的同學一起投票，看看哪一組做得更好。勝隊全組期末考成績九十分，敗隊全組期末考成績六十分（期末考成績不是一切，占總成績 30%）。

指令一下完，只見同學們馬上快跑前進，衝到電腦前或進圖書館找資料，然後設定時間，開始做投影片，趕在兩小時內衝回教室，準備上台報告。當然，每個個案只會有一組獲勝（很符合社會現實不是嗎？每次眾家提案後只會有一個優勝者），但不管

是優勝還是挫敗,期末提案考試結束後,同學們紛紛跟我說:「這是我們考過最刺激、也學到最多的期末考了!」

在學校教課,當然也會遇到同學學習態度及意願不佳的挑戰,但那也讓我可以實驗性地嘗試小組運作、加分機制、實務訪談、團隊動力經營,以及如何恩威並濟,讓學生們能持續專注在學習上。如今回想那一段經驗,我覺得學校教學有其挑戰,企業教學有其難度,沒有誰比較簡單,有的只是不一樣的課程、時間和對象的差異。但是,很多好的教學法,都可以應用在企業和學校,效果也都會很好,端看老師能不能突破現況的限制,以及有沒有更大的想像力!

職業生涯的第一場演講

我還記得,第一場演講是貴哥介紹的,客戶是知名的建設機構,時間兩個小時,主題是「向西點軍校學管理」。不要問我為什麼挑這個主題,因為是公司月會,題目也是客戶根據某本書指定的。回想當時,我花了不少時間把書 K 完、做成心智圖,再思考怎麼呈現這個很硬的主題,然後找了一些影片當作教學輔助。為了一兩小時的演講,投入幾十個小時應該有吧。總之,就是一整個瘋狂地投入演講前的準備。

結果是……蠻爛的!直到今天,我都還記得有人在台下打哈欠或百無聊賴的神情,雖然我有影片輔助,但是現場只有一個小布幕,影片效果因此大打折扣,而且我大部分以講述為主,影片播完也沒有任何互動或觀察問答,兩個小時這樣講下來,聽眾當然會掛掉!現在回頭看當初的自己,以我那時的實力竟敢去接一場演講,實在是很有勇氣──不,實在應該向當初台下的聽眾致

謝和致歉。

邊學邊做，邊用邊改

　　沒有人天生就會教學，教學的技術像游泳、煮菜或武術，都需要許多實際的練習，才會逐漸進步。自己摸索當然可以，但是方向不一定正確，有時也可能進步太慢。但如果只是知道，卻沒有實際去嘗試（做到），同樣也不會有什麼改變。最好的方式就是邊學邊做、邊用邊改，每個人都是從不會到會，從不熟悉到熟悉。

　　以我的經驗，從最早的電腦補習班教課，到身為業務講師接受專業的培訓、到 EMBA 的學習、再到學校兼課、最後轉到企業教學，過去每一階段的經歷都沒有白費，都變成日後成長再成長的養分。

10-7 找到有靈魂的課程，才能教出課程的靈魂

這幾年來，講師培訓的課程、組織或比賽日益頻繁，說明了企業講師這個行業越來越熱門；身為管顧老闆的 Tracy 姐，也向我提到最近找她詢問的人越來越多，大家都想知道自己是不是有機會站在台上講課。

你可以當企業講師嗎？先不提身為企業講師的挑戰，也不談講師光環背後的辛苦，我就單刀直入先問你一句：「哪一個課程會是你的核心課程？這真的是你有靈魂的課程嗎？」

人之患，在好為人師？

幾年前曾經有一個講師來找我，他說：「我想教的核心課程是主管領導，以及問題分析與解決，你覺得適合嗎？」我馬上反問他：「為什麼選這兩個課程呢？」他回答：「因為這兩個課程比較一般，也有不少參考書籍，只要把幾本書消化一下，應該就可以擬出課程架構。」我聽了有些疑惑，繼續問他：「你過去有這方面的經驗嗎？」他搖了搖頭，接著說：「我畢業後一直在學校工作，還沒去企業上過班，但是有在學校兼過幾年的課……」

聽到他的描述，我只能給他一個良心的建議：「先到企業

磨練個幾年，等到有真實帶人的經驗後，再來考慮當講師的事好嗎？」我知道他聽不下去，但那真是我良心的建議！

在此之前，我也遇過剛工作半年的社會新鮮人就決定開課教創新。這麼年輕的工作者，真的能擔任創新課的講師嗎？別誤會了，以他用功的程度，我相信他一定會是個好老師，也一定能把課教得不錯。但是，把知識整理成一門課，其實只是企業講師最基本的要求（詳見 1-2「老師的價值：讓學生知道、得到、做到」）。有一點必須了解，企業學員可不是一般學校的學生，有許多人都是修羅場磨練出來的，實務經驗超級豐富，台上的老師有沒有料，台下的學生只要聽一堂課就知道！

先有本事，再學技術

身為一個職業講師，教學內容完整是基本，教學技巧多樣是加分，而真正的核心，是你想教的這個課程是不是真正有靈魂的課程？也就是說，你不只熟悉這個主題，還要有充分的實務經驗。更重要的是：你是不是有 100％ 的信心，關於這個主題的任何問題你都胸有成竹，心中有一個好的答案；而且這些答案都能說服台下，讓聽眾買單！要能夠滿足這樣的要求，才算是有靈魂的課程！

舉一個簡單的例子：雖然我熟悉教學的技術，但如果看了 MJ 的幾本書，難不成就能教數字力？讀過幾本談創新的書，難不成就能教創新？或是買齊憲哥的著作，甚至再補上幾本書，難不成就能跟憲哥一樣教「說出影響力」或「教出好幫手」？如果你曾經聽過上述這些課程，就會和我一樣，完全感受到什麼是「灌注靈魂」在一門課程上！這件事情很難形容，但老師的無比專注、全然投入你一看就會知道。

也許這樣的要求有點高，但我只是想說：在學習教學的技術、成為企業講師前，你恐怕要先找到一門「有靈魂的課程」——有沒有某一門課，你能做到內容知識滿點、實務經驗十足？雖然這樣不見得就能把課教好，至少你有信心能回答關於這門課程的幾乎所有問題。如果你能找到這樣的課程主題，接下來才能運用教學的技術，把這門課修正得更好，才能真正打下教好一門課的基礎。

當過企業高階主管，就適合當企業講師？

換個角度來看，這是不是就表示：如果當過企業高階主管，就可以無縫轉換為企業講師呢？

Jason 是外商知名服飾品牌的行銷副總，職場歷練豐富，有本地與跨國的行銷及通路管理經驗，雖然公司極為看重，也擔任重要職位，但這表示他的任務非常繁重，出差和長時間工作是常態，和家人聚少離多，很少有機會抱抱他的兩個小孩。透過臉書，這幾年我們有一些聯繫，前陣子他突然問我：「福哥，我想轉型成為企業講師，你覺得我適合嗎？」

適合不適合？我其實沒有為他前途把脈的資格，但根據過去當企業講師的多年經驗，也許我可以提出幾個關鍵思考點，供 Jason（或讀者諸君）判斷。以他豐富的工作經驗及對自己的了解，逐一考慮過之後，也許他會比我更清楚問題的答案。

主管轉講師的優勢

先談談高階主管轉換為企業講師的優勢：

一、經驗豐富、資歷完整：企業講師的核心在於扎實的實戰能力，而高階主管早已在工作中有豐富的歷練，未來講課時，可以想見信手拈來就是實務案例，會讓課程增色不少。學員提問時，

不管是有遇過或沒遇過的，都可以根據過去的經驗，快速判斷和回應。這些深厚的底子，絕對都是轉任講師的優勢。

二、教得動學生，鎮得住場面：既然當過高階主管，必然累積了不少帶人或指導的經驗，轉換為講師時，只是場景不同，但「教會人做事」的目的相同。另外，高階主管的架勢與氣場通常都很不錯，在台上講課時，「台風」應該很穩健。

「當過主管」的劣勢

講了優點，接著分析一下可能的問題點：

一、角色轉換不易：在當高階主管時，因為職位優勢，說的話部屬大多言聽計從；換成講師可就不一定了——你講什麼台下不見得有反應！說不定你掏心挖肺傳授了經驗豐富的 Know-How，台下學員只會想「為什麼要聽你講這些？」更不要說，一開始在信任還沒建立時，學員可能一臉不買帳的樣子。（你多久沒看過那種眼神了？）這些都是從主管轉任講師會遇到的挑戰。

二、會做不見得會教，會教不見得教得會：從自己會做到會教別人、能教會別人，屬於完全不同的層次。教學是需要技巧的（因此才有這麼多「教學的技術」），而主管轉任講師可能會遇到的最大問題，也正是「會說不會教」。因為以前只要下個指令，部屬可能就聽話照做（或是雖然聽不懂也會努力「揣摩上意」），但如果當講師，一旦你教得不清不楚，學員可不會揣摩，而是放空！特別是口語能力越好的主管，這個問題就會越嚴重；往往他會以為「用講的」（講述法）就能搞定教學，即使學過一些教學法，也常常僅是表面功夫，沒有誠意耐心、細心地引導及操作。要知道，做→教→學這三個不同階段是需要一再磨練才能逐步完成的。

　　三、脫離公司資源的挑戰：在大型公司工作過的人，往往只感受到公司的要求與限制，很少想到公司其實提供了許多的保護。特別是大型企業的高階主管，能獲得的公司資源更是豐富！以前要人有人、要錢有錢，一旦轉型成為企業講師，代表的就是脫離公司的保護傘，接下來一切靠自己。其他公司如何認識你？如何找到你？你要如何行銷你自己？如何行銷你的課程及品牌？這都是接下來會遇到，而且很不容易克服的嚴酷挑戰。

轉換角色永遠都不簡單

　　環顧身邊的講師好友們，每個人轉型成講師的原因與歷程各自不同。

　　數字力教學大神 MJ 本來是大公司的銷售主管，轉型成企業講師後也辛苦摸索了很久，才走出今天的康莊大道。

　　憲哥則是從兼課開始，一步一腳印地建立了他的教學地位。Adam 哥與我都曾經教過鐘點費很低的課程，不辭辛苦，只希望多多累積自己的經驗（再次感謝 Adam 哥在一開始幫我推薦）。

　　這幾年積累下來，我們也用自己的經驗幫助一些講師順利轉換角色。我希望以上的經驗談，也能幫助 Jason 和有志成為職業講師的讀者做好評估，不論是當主管或當講師，都能走出自己想要的路，過自己想要的人生！

10-8 邁向專業講師之前，需要思考的五個問題

　　坐在電腦前上 facebook，訊息對話框突然跳了出來：「我想當講師，不知道福哥覺得合適嗎？」

　　原來是朋友 Danny 最近工作上有些阻礙，看到講師的工作似乎蠻吸引人，便興起了轉行當專職企業訓練講師的念頭。幾年前，我曾是他內部講師課程的教練，對於他在演練時的表現也給予了好評價，因此當他一有這個念頭，第一個想詢問的人就是我。

從台下看台上，只看得到光環

　　身為專業的企業訓練講師，或稱「職業講師」，我真心喜歡現在的角色、工作、職業、事業與志業。講師有舞台、有相對自由的時間、有不錯的收入，還能獲得學員或企業的敬重，怎麼看都是理想的工作。

　　當然，職業講師也有一本難唸的經。

　　面對 Danny，我並不想故意把這個行業講得很可怕。我熱愛這個職業，也以身為講師為榮，只是如果光從台下看台上，看到的往往只是光環，看不到光環背後付出的代價。所以我不希望 Danny 過度樂觀，沒有做好評估就一頭熱投入。我以過去幾年來

在講台上的經驗，真實而客觀地提出幾個問題，讓 Danny 自我評估適不適合，也鄭重地寫下來供各位讀者參考。

當然，我的意見僅代表一個參考的方向，雖然現在大部分的時間我都在頂尖的上市公司——包含鴻海、台積電、西門子、中信金、Google、Nike、Gucci、IKEA、諾華藥廠等——擔任外聘訓練講師的工作，但在踏入這個行業的一開始，我也曾當過課程開發、講師安排、公開班招生、校園演講、公開講座等不同型態的講師，曾經摸索過，也曾經低潮過。本節整理了一些想法，提供給想要踏入講師這一行的朋友自我評估。

大致說來，以下就是你在邁向專業講師之路前，必須先想清楚的五個問題。

一、你能堅持多久？

讓我們面對現實：你知道自己很行，但是別人不知道，別的單位不知道，別的公司不知道。也就是說，在你真的能在舞台上站穩前，你可能會有很長的一段時間不知道下一堂課在哪裡！

就如同一個剛出道的歌星或演員，有能力並不代表有演出的機會。極少數的人可能一出道就紅遍半邊天，但更多更多的是苦等下一個演出機會的「新人」，即使得到曝光的機會，通告費也少得可憐。到底什麼時候你才能真正發光發熱？你不知道，我不知道——沒有人知道！

因此，在你真正站穩專業講台之前，我想問的一個問題是：「你能堅持多久？你打算堅持多久？」這裡指的不只是心理及精神上的堅持，更重要的是物質生活及財務上的堅持。

以我自己為例，剛踏入講師這個領域時，常常一整個月一堂

課都沒有！是的，那表示整個月的收入是：零。最慘的時候，戶頭裡剩不到一千元；而且，這樣的狀態整整持續了三年！

　　國內最知名的企業講師之一，也是暢銷書作家的憲哥說過一句話：「講師有兩種：一種是餓死的講師，一種是累死的講師。」我十分認同這個說法！在你真的站穩講台、邀約不斷之前，你計畫過自己要堅持多久嗎？你的存糧，又能讓你堅持多久而不黯然放棄？在你真正選擇以講師成為你的職業之前，這是非常現實、也非常重要的評估面向。

二、你想要如何開始？

　　你打算如何開始你的講師事業？講白一點的話，也就是：「你如何行銷自己和你的課程？」

　　你不是周杰倫或蔡依林，沒有人會主動來邀約你去表演！還是實際一點，先想好怎麼開始吧。不論是自我開發、透過管顧引介、公開班招生、接校園演講、出書建立知名度、與雜誌專欄合作、經營專業社群、加入同好社團、寫部落格或網站、在實體或網路媒體上打廣告……，上面這些方法都可以找到成功的案例，重點是：你打算怎麼做？

　　比較危險的是你沒有方向又過度樂觀，以為只要打幾通電話，或是發幾封 email，邀約就會有如雪花一般飛來。也許你真的人脈驚人、運氣超好，但如果沒有呢？當然，初入這一行時我也沒有一個絕對可行的方向，唯一有的是：我會去嘗試！我請過助理做電話開發，也找過外包的電話行銷公司；我寫了部落格文章，也下過網路廣告；曾經自行開班招生，也向不同的管理顧問公司或課程經紀人毛遂自薦過……。到底哪一個對你來說效果最好，誰

也無法給你答案，但有一點我很確定：你必須親自試過後，才真的知道此路通不通。

重點是：你想過這些事嗎？你想過開始的方向嗎？

三、你Hold得住場面嗎？

身為一個職業講師，你所面對的常常是一群帶著既有經驗（或是成見）的企業人士；他們來到你的課堂上時，大多帶著評估的角度，先評估講師是不是夠有料？教的東西對他而言有沒有用？能不能吸引人？總要決定信任你之後，才會有學習及改變的發生。

站在台上面對帶有懷疑的目光時，你能不能在五分鐘內就Hold住場面，不只你對自己有信心，還能讓學員對你有信心？這不僅是「專不專業」的問題，更是挑戰你「會不會教」的問題。有時都已順利教到下半場了，仍然有學員會對你的教學內容提出質疑，或採取不配合的態度，你又該如何處理？這些都是很實際的狀況，就連職業講師也經常會遇到，你是否有信心可以應對？

更進一步說：你的授課內容有什麼獨到之處，是足以讓人信服、甚至佩服的？請記得，你面對的不是大學生（雖然大學生有時更難教），而是身經百戰的職場人士（當然有時也可能是職場菜鳥）。你有沒有料，其實大概只要一節課他們就會知道。在每一堂課結束後，你馬上會被評價，也就是課程滿意度的評分。如果你前幾次的表現不夠「傑出」，那也就沒有接下來的機會了。曾經有個HR對我透露：如果新聘講師滿意度不到4.5（滿分5分），那麼他們就不會再邀請這個講師。因此，你能夠第一次去上課就拿到4.5以上的分數嗎？這絕對會是很大的挑戰。

所以，不論面對的是老鳥還是菜鳥，你有沒有信心及能力

Hold 住現場（而且持續 Hold 得住，通常長達一整天）、有沒有能力讓絕大部分學員信服？這正是你應該要問自己，並且真實評估自己的一個重要問題。

四、你的體力能否負荷？

一般職業講師或企業內訓講師，常常一上課就是一整天，整整有七個小時左右要筆直站在講台前，這對體力真的是一個挑戰。如果遇到有時連續排課，連續三天或四天站下來，對腿腳及腰背都會造成很大的壓力，更別說嗓子了——不僅要能一直講下去，而且即使很累了也不能讓學員聽得出來；喉嚨都沙啞了，也還是得大聲講話，保持一整天的活力及上課的熱情。強韌的體力與活力，是職業講師的必備條件！

這麼比喻好了，偶爾去大魯閣打幾十顆球，你可能覺得蠻休閒也蠻快樂的；但你可知道，為了要能登上一軍舞台，二軍的選手每天都得練打多少顆球？要怎麼咬緊牙關持續鍛鍊身體？

寫到這裡，我都還沒提到講師必須提早出門、提早抵達：標準上午九點開始的課，職業講師一定 08：30 前就會到現場準備，不論是台北、新竹、台南、高雄……，都是 08：30 要到！你可以回推一下，如果你住台北，要到高雄授課，那麼你應該要幾點起床才會來得及趕上高鐵（或其他交通工具），然後還要站上、說上一整天，才好不容易能下課回家，說不定明天別的地方還有課。有些老師還得出差去大陸授課，在距離遙遠的城市之間移動！你不只需要時間，更需要足以支撐的體力。

知名講師齊聚一堂時，聊的往往不是教課的內容或奇聞軼事，而是哪一位講師在台上站到受傷、哪一位講師生病後還在台上連

站三天、又有哪一位講師重病初癒就馬上回到講台上……；這都是坐在講台下的人看不到的真相，也是你應該慎重納入自我評估的面向。

五、你是否有足夠的教學熱情？

讓我們假設，如今的你已經順利通過考驗，讓市場接受你的課程，而且逐漸累積了口碑與知名度，有越來越多的邀約出現，然後你不斷上台講課。這時的你，當然不再有「會不會餓死」的問題，卻會開始出現「會不會累死」的擔憂。（別忘了憲哥的名言：「講師只有兩種，一種是餓死的講師，一種是累死的講師。」）

也許你不怕累，但你還是得問問自己另一個層面的問題：「同樣的課連續上過一百場之後，站在講台上的我是否還有熱情？」

講師也是人，都會有個人的情緒及困擾。當你站上講台（可能是你這個月第十五場，今年第一百場），面對學員時（又看到學員中有人因為是被長官指派來上課而擺著一張臭臉），相信我，最能支持你站得理直氣壯的，一定是你的教學熱情！

你是否真的有想跟人分享知識的熱情？你是否真的有站上講台授業解惑的熱情？這才是決定性的關鍵！因為這份熱情，才會驅使你更往前進；因為這份熱情，才會幫助你精益求精；因為這份熱情，才會讓你成為一個炙手可熱、各大企業爭相邀約的一流講師。

更重要的是：也因為有這份教學的熱情，你才真的可以樂在其中，接受所有的挑戰，並以身為專職的企業訓練講師為榮！

活出最好的你自己

對所有看了《教學的技術》，而有志成為職業講師的讀者，我想再叮嚀一次，請千萬先做好評估：你能夠堅持多久？你想要怎麼開始？你能否 Hold 住現場一整天？你的體力狀況如何？以及最重要的——你真的有授業解惑的熱情嗎？

我無法給大家任何答案，只能把問題拋給各位，由大家自己評估。也許，在自我評估的過程中，答案很快就會浮現你的心中。只要你真實地面對，答案自然就會出現。

祝福你，我的朋友！不論最後你是選擇站在台上或是坐在台下，我都祈願你成為一個更好的老師，擁有更棒的教室，教出更優秀的學生，也活出更好的自己！

應用心得分享

教學界老司機，帶你狂飆上路！

醫師　楊斯棓

亦師亦友的福哥再下一城，完成了《教學的技術》一書，很榮幸受福哥之邀，分享我的教學觀。

回首教學來時路

早幾年，我經常快速切換教學者與學習者身分，高頻地教，跨海地學。

而我教學的對象囊括扶輪社成員、研究生、大學生以及一般民

眾，後來是一批批醫師，之後侷限於幾位講師（教他們怎麼教），近來我的教學對象是患者、長輩、讀書會成員。

教學是：我真的對某領域有研究，實戰後有成績、有心得，而成功地把重要觀念以及可應用、能上手的方法，在最短的時間內、最好（可能是緊張）的氣氛下，傳達給台下。

其實光能挑選到「想學的人」就是一門高深學問。憲福育創這點很厲害，挑中「想學的人」也是憲福的核心價值。

有句玩笑話這麼說：台中一中有一流的學生、二流的設備、三流的老師。這對老師沒有不敬之意，意思是一中的學生你不用管他，他也會找到生存之道。

可是如果遇到會教的老師，那真的能讓大家更輕鬆愉快地達陣，縮短學習時數。即使是一中、女中裡面，都還會有讓學生豎起大拇指，讚為「特別會教」的老師，您可以想想，他們是如何贏得這種評價？

財報一哥教學力

市面上教財報的老師那麼多，為什麼學生最多、網路聲量最大的老師是林明樟？（樟哥是福哥的好友，也公開在臉書上說：「謝謝從第一班開始一直默默幫我們寫網站的台中老王王永福。」）

厲害的老師可以用最簡單的譬喻，說清楚一個又一個核心觀念，讓學員跨出第一步，通過「我懂了」這個關卡，而第二步是：「我可以怎麼做」，第三步是：「如何快速做」。

福哥的簡報學如此，樟哥的財報學，也是如此，讓門外漢快速擁有正確觀念，然後知道如何練習，最後養成經常快速練習的習慣，讓自己不斷升級。

數字能力悄晉級

大學畢業前，我完全沒接觸過財會領域，樟哥幫我打底，如果用傳統大學教師那一套，我可沒那麼多時間慢慢吸收，但一天內的課程，他設計成競賽，用了種種教具，舉 Amazon、小米、台積電等公司的財報實例（從福哥的書中，可以讀到許多英雄所見略同的觀

點），讓你很快進入狀況，知道經營上軌道的公司財報應該長什麼樣子，有什麼快速的方法可以掃雷，而什麼樣的公司值得我們當長期的股東，更重要的是：它變爛的時候，我們要知道下船。

下課後，我就先檢視一次手邊持股。變爛的公司，我們不眷戀。如果你是公司老闆，你會先開除業績差的人，可是持股者往往會先賣掉賺錢的股票，然後跟不賺錢的股票長相廝守，以為不賣不賠。被點破盲點後，往往就能做出迥異於以往的決定。

先生緣，主人福

台語有句諺語叫「先生緣，主人福」，意思是患者看醫生，會不會好，有一部分要看緣分。

老師跟學生也是有這種微妙的緣分關係，A 老師會教，也要 B 學生想學、願意改變，台語講「受教」，這樣的教學相長，會讓彼此變強。

對我來說，這幾年最難教的一堂課，就是教會我父母搭 Uber。

幾年前我意外發現家母開車技術退步，我覺得她繼續開車可能造成路人危險，頑固的她起初不接受放棄開車的建議，但近來她已經習慣搭 Uber，我如何做到？

第一、我要她理解，假設發生車禍，萬一她殞命，離國人平均餘命也不過十幾年，但萬一傷到一個青少年，我們拿什麼賠人家？動之以情之後，她不再堅持開車。

第二、接下來我教她搭 Uber。詢問之下，她不願搭 Uber 有兩個心魔，一個是貴，一個是難。突破貴這一關，我把她的付款綁定我的信用卡，這下她就不嫌貴了；突破難這一關，我就幫她設定幾個常用定點，她很快就可以在這幾個定點內穿梭。

第三、最後我教她如果在某一個地方要搭車，不要急著尋找該地地址，眼角餘光掃射一下，附近有沒有廣為周知的店家店招，有的話，請輸入那個店招，這樣司機可以更快速地找到你。

一里通，萬里徹。教學力無非解決對方痛點，一起迎向 Aha-moment ！

〈結語〉

重要的事情說三遍
──記得總結你的重點

　　有一次在演講現場遇到一個企業主管，他很開心地拿著我的《上台的技術》這本書請我簽名。原來他是幾年前在企業內訓時上過我的課，開始關注我的動向，然後知道當天這場演講。

　　趁著我簽名的時間，他問了我一個問題：「福哥，你真的很厲害，三年多前你教我們的課程，我到現在都還記得吧！」我聽了開玩笑地回問：「真的嗎？那我考你哦？」沒想到他竟然點點頭，直說沒問題。我就問：「簡報開場的五大手法是那五個？」他胸有成竹地說：「自我介紹、故事、資料引用、問答互動、自問。」這下換我驚訝了，直誇他記性真好！他回說；「不是我記性好，而是你把重要的事情講了三遍，我自然就記住了！」我簽好書交給他，我們倆相視一笑。

　　讀到這裡，你心裡可能會有一個疑惑：「上課把重點講三次，那不是聽了很重複、很煩嗎？」當然不是把重點連續講三次，而是分開來，但在整個課程中出現了三次。第一次是在課程講述時，第二次是該堂課下課前（或是下一堂課上課開始），第三次是整天課程快結束時。

　　如果這麼說還是不大清楚，我就以剛才簡報技巧的五種開場方法的教學為例，來示範一下實務上怎麼讓重點出現三次。

第一次：課程講述時

假設這堂課就是開場方法的教學，我便會說：「專業簡報的開場手法是非常重要的關鍵，一個好的開場有公式可以依循。以下五個方法，可以幫助你做好簡報的開場。我們先教大家第一個方法，也就是——自我介紹，方法如下……」（然後開始一個方法一個方法地往下教。）

第二次：該節課下課前

在教完五個簡報開場手法，並且都做過練習後，時間大概已經過了一個多小時，準備要結束這一節課，下課休息十分鐘。就在下課的前二～三分鐘，我會再把重點覆述一遍，像是：「在下課之前，讓我們來回想一下，還記得這堂課教的開場五個方法嗎？第一個方法是？（等大家回答）第二個是？（也可以再等大家回答）……」不管是老師講述或是發問請學員回答，都可以在單堂下課前，把重點回顧一次，強化記憶。

第三次：整天的課下課前

在一天下課之前，我一定會再挑出整個課程最重要的地方，再做一次覆述，譬如：「大家一整天辛苦了，今天我們在早上學了簡報的核心觀念，也讓大家練習簡報準備的便利貼方法，在下午教大家簡報開場的五大方法，也就是——自我介紹、故事、資料引用、問答互動、自問，然後再教了……」像這樣子快速地再把重點覆述一遍，一整天下來，學員至少聽了三次，絕對會印象深刻。

　　當然，如果老師有時間，也可以稍微變化一下。譬如利用問答法或小組討論法，來進行重點的整理。問答法像是：「在今天的課程中，有哪些內容讓你印象最深刻呢？」這樣一個問題發問，再加上計分機制，讓學員邊搶答邊回憶。小組討論法像是：「請大家拿起大張的壁報紙，各小組回想一下今天學到了什麼？請把關鍵字寫在壁報紙上，寫越多分數越高！」在寫完之後，可以用發表或搶答或劃掉重複的項目，讓大家再次回想。

講三遍，有技巧，印象深

　　重要的事情要講三遍，才會有最好的效果。老師們不要覺得煩，也不要以為學生會覺得煩。其實只要利用有技巧的覆述，在每堂課下課前，還有整天課結束前，把重點摘要重複一次；或是利用問答或小組討論的方式，以互動手法進行課程回顧，相信一定會讓學員想忘也忘不掉，留下非常深刻的印象！這樣就能達到預期的最好的學習效果！

國家圖書館出版品預行編目資料

教學的技術 / 王永福作. -- 初版. -- 臺北市：商周, 城邦文化出版
：家庭傳媒城邦分公司發行, 2019.01
　　面；　　公分

ISBN 978-986-477-603-0（平裝）

1. 在職教育

494.386　　　　　　　　　　　　　　　　　　　107022788

教學的技術

作　　　者／王永福
責任編輯／程鳳儀

版　　　權／翁靜如、林心紅
行 銷 業 務／林秀津、王瑜
總　編　輯／程鳳儀
總　經　理／彭之琬
事業群總經理／黃淑貞
發　行　人／何飛鵬
法 律 顧 問／元禾法律事務所　王子文律師
出　　　版／商周出版
　　　　　　城邦文化事業股份有限公司
　　　　　　115台北市南港區昆陽街16號4樓
　　　　　　電話：(02) 2500-7008　傳真：(02) 2500-7579
　　　　　　E-mail：bwp.service@cite.com.tw
發　　　行／英屬蓋曼群島商家庭傳媒股份有限公司城邦分公司
聯 絡 地 址／115台北市南港區昆陽街16號8樓
　　　　　　書虫客服服務專線：(02) 25007718‧(02) 25007719
　　　　　　24小時傳真服務：(02) 25001990‧(02) 25001991
　　　　　　服務時間：週一至週五09:30-12:00‧13:30-17:00
　　　　　　郵撥帳號：19863813　戶名：書虫股份有限公司
　　　　　　讀者服務信箱E-mail：service@readingclub.com.tw
　　　　　　城邦讀書花園www.cite.com.tw
香港發行所／城邦（香港）出版集團有限公司
　　　　　　香港九龍土瓜灣土瓜灣道86號順聯工業大廈6樓A室
　　　　　　電話：(825)2508-6231　傳真：(852)2578-9337
　　　　　　E-mail：hkcite@biznetvigator.com
馬新發行所／城邦（馬新）出版集團【Cite (M) Sdn Bhd】
　　　　　　41, Jalan Radin Anum, Bandar Baru Sri Petaling,
　　　　　　57000 Kuala Lumpur, Malaysia.
　　　　　　電話：(603)9056-3833　傳真：(603)9057-6622
　　　　　　email: services@cite.my

封 面 設 計／徐璽工作室
電 腦 排 版／唯翔工作室
印　　　刷／韋懋實業有限公司
總　經　銷／聯合發行股份有限公司　電話：(022917-8022　傳真：(02)2911-0053
　　　　　　地址：新北市新店區寶橋路235巷6弄6號2樓

■ 2019年01月17日初版　　　　　　　　　　　　　　Printed in Taiwan
■ 2024年06月04日初版14.1刷
定價／450元

城邦讀書花園
www.cite.com.tw